名医が教える飲酒の科学

葉石かおり

はじめに

「酒を飲むこと」が自分の中でかつてないほど揺らいでいた。

酒はいつも自分のそばにあった。酒を飲みながら多くのことを語らい、酒に関わる仕事をするようになり、11年前からは「酒と健康」をテーマに執筆するようになった。

そんな私が、「このまま今までのように飲み続けていいのだろうか？」という大きな不安を抱いたのである。

きっかけは、世界的に未曽有の災害となった新型コロナウイルス感染症だ。

自粛生活を強いられ、外で酒を飲む機会が激減し、その結果、自宅で飲む酒の量が増えてしまった。

そして、ネット通販で**5リットルの業務用ウイスキー**を買い、それが瞬く間に空になってしまったとき、自分の中で「さすがにこれはまずい」と気づいたのである。

このまま飲酒量が増え続ければ、アルコール依存症になるかもしれない。そこまでいかなくても、確実に病気のリスクは上がるだろう。

こんな状況は私だけに限ったことではなかったようだ。コロナ禍は、人類に対し、酒との付き合い方についても再考を迫ってきたのである。

一例を挙げよう。日経ビジネス電子版と日経グッデイの読者を対象に2022年1月に行われたアンケートでは、コロナ禍をきっかけに飲酒習慣が変わったと答えた人が46・2％にも上った（回答数1296、以下同）。媒体の特性を考えると、回答者は社会の前線でバリバリと活躍する酒が好きな人たちであろう。そして、コロナ禍でどのように飲酒習慣が変わったのかについては、飲食店で酒を飲まなくなったという回答が多く、また私と同様に日々の飲酒量が増えた人や、逆に飲酒量が減ったという人もいた。

酒をこよなく愛し、酒とともに生きてきた私たちが、酒との付き合い方を考え直していたそのタイミングで必要だったのは、できるだけ科学的に、客観的に、酒が人間の体に与える影響を把握することだと思った。

酒を飲み過ぎれば病気になることは、誰しも頭では理解している。しかし、そうは言っても飲む量を減らしたくないのが酒好きというもの。だから、どれぐらい飲めばどんな病気のリスクがどれほど上がるのか、なるべく正確に把握したい。人によって体質は異なるが、自分が酒を飲むことでどんな病気に気をつけたほうがいいのかが分かれば、少しは安心して酒が飲めるようになるはずだ。

そこで私は、世の酒好きを代表して、さまざまな病気のスペシャリストや、酒の人体への影響について研究する専門家のもとを訪ね、その専門的な知見をできるだけ分かりやすく解説してもらった。それをまとめたのが本書である。

例えば、先ほどのアンケートでは、酒にまつわる悩みの第1位が「最近、酒に弱くなった」（29・4％）なのだが、なぜ人は酒に弱くなったり強くなったりするのか、そもそも酒の強さの正体とは何なのかについては、第1章「**飲む前に読む飲酒の科学**」（19ページ）で解説している。そのほか、第1章では、いつまでも健康でいられる「適量」についてや、二日酔いのメカニズム、健診結果が悪い人が飲み続けるとどうなるかなど、酒との付き合い方を考えるうえでの基本となる知識についてまとめている。

飲み過ぎて後悔したことは誰しもあるが、第2章「**後悔する飲み方、しない飲み方**」（69ページ）を読めば、もうそんな経験をしないですむだろう。例えば、飲み過ぎると下痢になるのはなぜか、という話を腸の専門家に聞いたときは、目からウロコが落ちた。お腹を壊さないような飲み方を心がければ、多くの酒による後悔を同時に防ぐことができるのだ。

酒が原因の病気で特に怖いのが、日本人の死因第1位の「がん」だろう。先ほどのアンケートでも、がんが心配だと答えた人は実に34・9％に上った。そこで、第3章

「**がんのリスクは酒でどれぐらい上がるか**」（113ページ）では、がんと酒の関係についての最新研究をまとめた。恐ろしいことに、「ほどほど」の飲酒量でも毎日飲むとがんのリスクが上がってしまうことが研究から分かってきたのだが、がんの部位ごとに見ていくと、そのリスクの上昇にはバラつきがある。自分がどのがんに気をつけなければならないのかが分かれば、定期的に検診を受けることで、安心して飲むことができるだろう。

そして、第4章「**酒飲みの宿命―胃酸逆流―**」（147ページ）では、逆流性食道炎について取り上げている。実は、私自身が逆流性食道炎になってしまったのだが（酒量を減らしたので現在は完治しております）、そのことをSNSに書いたところ、「実はオレもなんだ」という酒好きからのコメントがわんさか入ってきた。なぜこの病気が酒飲みの宿命なのか、放っておくとどんな合併症が起きてしまうのか、悪化させないためにはどのように飲み方に気をつければいいのかについて、しっかりまとめておいた。この章はとても切実なトーンになっているかもしれない。

切実といえば第5章「**結局、酒を飲むと太るのか**」（167ページ）も同様だ。酒にもカロリーがあり、飲み過ぎれば酒のせいで太ってしまう。コロナ禍で体重が増えた人は多いが、飲酒量が増えれば体重は増加の一途をたどり、そのせいで病気のリスクも上がってしまう。先ほどのアンケートでも、メタボが心配と答えた人は22・3%、ダイエットしたいが酒を飲んでしまうと答えた人は14・5%に上った。確かに酒飲みにダイエットは難しいが、酒を飲みながらでもダイエットできる方法を専門家に聞いてきたので参考にしてほしい。

コロナ禍では「免疫」について注目が集まることになった。新型コロナウイルスに感染するかどうか、また感染したときに重症化するかどうかは、免疫次第だ。だが、やっかいなことに、酒を多く飲む人ほど免疫に悪い影響を受けやすいのだという。このあたりの話は、第6章「**酒と免疫**」（207ページ）でしっかりと解説しているので、ぜひ読んでいただきたい。

最後の第7章「**依存症のリスク**」（231ページ）では、アルコール依存症について取り上げている。先ほどのアンケートでも、酒に関連してどのような病気が心配か尋ねたところ、アルコール依存症と答えた人が20%にも上った。どういう人が依存症のリスクが高いのか、依存症を避けるためにどのように酒を減らせばいいのか、飲み方のコツなどについて、専門家の提言をまとめたので参考にしていただきたい。依存症を扱う専門家の言葉はみな真摯で、このアドバイスに従えば末永く酒と付き合っていけると実感できた。

本書を通じて得た知識と専門家のアドバイスのおかげで、私自身、飲酒量を減らすことに成功した。それもイヤイヤ減らしたのではなく、納得した上で、きちんと酒を楽しめる余地を残しながら、休肝日を設けることにも成功したのである。

本書は、読むだけで「飲酒寿命」が延びるバイブルとして、酒瓶とともにそばに置いていただけたら、酒好きのひとりとしてこれほど嬉しいことはない。

酒ジャーナリスト　葉石かおり

名医が教える
飲酒の科学

Contents

はじめに……3

第1章 飲む前に読む飲酒の科学

「酒の強さ」の正体とは……20
久しぶりに飲むと弱くなっているのはなぜ？／「鍛えて強くなった人」は飲まないと弱くなる
「酔っぱらう」とはどういう現象か……26
アルコールは血流に乗って体中を駆け巡る／胃になるべくアルコールをとどめておくのがコツ
謎多き「二日酔い」の正体……32
二日酔いのメカニズムは驚くほど分かっていない／実は「禁断症状のミニ版」？／ホルモンの変化が脱水や低血糖を助長する
二日酔いを防ぐかしこい飲み方……39
色のついた酒のほうが二日酔いになりやすい理由／「空きっ腹にハイボール」は危険

いつまでも健康でいられる「適量」はある？……45
厚生労働省は適量を「1日20g」と定めたが…／覆された「少し飲んだほうが長生き」説
γ-GTP値の正しい読み方……51
γ-GTPの悪化は「沈黙の臓器の悲鳴」なのか？／ASTとALTにも注目しなければならない理由
酒飲みじゃなくても気をつけたい「脂肪肝」……55
酒飲みにはとても身近な脂肪肝／「MASH」は進行して肝硬変や肝臓がんに

健診結果が悪い人が飲み続けるとどうなるか……59
血糖値、血圧、コレステロールと酒の関係は？／なぜ中性脂肪がたまりやすくなるのか／痛風の予防は「プリン体」を控えるだけではダメ
コラム　二日酔いの味方？ ウコンの落とし穴……66

第2章

後悔する飲み方、しない飲み方

飲み過ぎると下痢になるのはなぜ？……70

アルコールが原因の下痢には2パターンある／年がいもなく調子に乗り過ぎた飲み方はお腹を壊しやすい

年を取ると酒に弱くなるのはなぜか……76
加齢で酒に弱くなる原因は大きく2つある／飲酒後に転倒、さらには失禁するケースも

ひとりでの自宅飲みはキケンか……82
コロナ禍で飲酒量が増えたのはどんな人？／ストレスを解消するために飲む人が危ない

減酒を考えたほうがいいのはどんな人？……88
コロナ禍では「短期間で重度の肝硬変」の例も／減らしたいのに減らせない人は「セルフチェック」を

二日酔いの朝に運転すると飲酒運転になる？……94
気づかずに飲酒運転してしまっている人もいる／どれぐらいの時間でアルコールが抜けるのか／睡眠中はアルコールの分解が遅くなる

筋トレ後に酒を飲んではいけない理由……102
筋肉の合成率が3割下がるという研究も／十分に時間をあけて少量の飲酒なら

OK？／朝筋トレ、夜ビール1缶
コラム なぜ酔っぱらっても家に帰れるのか……110

第3章 がんのリスクは酒でどれぐらい上がるか

1日1合飲むとがんのリスクはどれほどか……114
「ほどほど」に飲んでもがんのリスクは上がる／リスクの上昇は一見少ないように思えるが…
飲酒の影響を受けやすいのはどの部位のがん？……120
リスク上昇が大きいのは「酒の通り道」／「酒の総量」が問題であって「種類」はあまり関係ない
なぜ酒は大腸がんのリスクを上げるのか……126
アルコールは大腸に到達しないはずだが…／酒を飲み過ぎると腸内環境が大幅に変化
16万人データから判明した日本人の乳がんリスク……130
日本人女性も飲酒で乳がんリスクが上がる／飲酒でエストロゲンが増える仕組

みは分かっていない
乳がんリスクを下げる飲み方・つまみ……136
乳がんは比較的若いうちからかかるがん／「大豆」に乳がんリスクを下げる効果が！／閉経後は「肥満」にも注意
コラム 飲酒以外の習慣でがんリスクを下げる……144

第4章 酒飲みの宿命―胃酸逆流―

「レモンサワー」は胃酸逆流を引き起こす？……148
逆流性食道炎は酒好きの「持病」か？／アルコールが「下部食道括約筋」を緩める
胃酸逆流を悪化させないつまみ選び……154
脂っこいものを食べると逆流しやすい／食べて飲んですぐ横になるのはＮＧ！
知っておきたい逆流性食道炎の治療と予防……158
軽症ならば治療の必要はないが…／薬物療法と再発の予防
コラム 急性膵炎になると「一生断酒」!?……164

第5章

結局、酒を飲むと太るのか

「酒はエンプティカロリー説」は間違い……168
なぜ「酒を飲んでも太らない」という説がある？／少量の飲酒でも太ってしまうリスクはある

ダイエットのために常備したい5つのつまみ……174
減量するならつまみにも注意／ダイエットに向いたつまみはこの5つ

正月太りの正体は飲み過ぎか食べ過ぎか……182
なぜ年末年始は太りやすいのか／調理法に気をつけるだけでもカロリーを抑えられる

糖質ゼロビールはどうやって糖質ゼロを実現？……188
太りたくないなら「糖質オフ」／酵母が糖を食べきる／気になるその味は…

筋肉を増やすのにお勧めのつまみは？……196
たんぱく質は一度にまとめてとってもダメ／動物性たんぱく質で筋肉合成のスイッチを押す

コラム 健康効果というとなぜ赤ワインなのか……204

第6章
酒と免疫
度数の高い酒は「免疫力」を下げる？……208
酒はやはり免疫に悪影響を及ぼす／免疫は3段階で機能する
酒で免疫機能が低下する恐ろしい仕組み……214
酒を飲むと「マクロファージ」が〝混乱〟／獲得免疫は「最後の砦」だが、ここでもやはり…
酒が免疫に及ぼすより深刻な2次的影響……220
アルコールによる「2次的な影響」とは？／免疫にダメージを与えない「ほどほど飲み」
コラム 酒を飲んだ後の入浴はなぜ危険か……228

第7章
依存症のリスク
医師が教える断酒・減酒のコツ……232
「飲酒のデメリット」を認識すべし／依存症予備軍は約900万人／飲む量を記

録する「飲酒日記」をつけよう

依存症リスクを高めない飲み方……240
酒を大量に冷やしておくのはやめよう／飲むことに罪悪感を覚えたら黄色信号／ヒマがあるから飲酒量が増える

なぜ20歳になるまで飲んじゃダメ？……248
成人年齢が18歳になっても酒は20歳から／未成年の飲酒で脳が縮む！

未成年のうちから酒を飲むと早くに依存症になる……254
飲酒開始年齢が早いほど依存症になりやすい／若い人の飲酒は確かに減っているが…

高齢者のアルコール依存症が増えている……260
なぜ高齢者に依存症が増加？

コラム 酒乱かどうかの決め手は「記憶の飛び」……264

おわりに……266

参考文献……268

取材先一覧……274

イラスト　朝野ペコ
図版制作　増田真一

第1章

飲む前に読む飲酒の科学

THE SCIENCE OF DRINKING

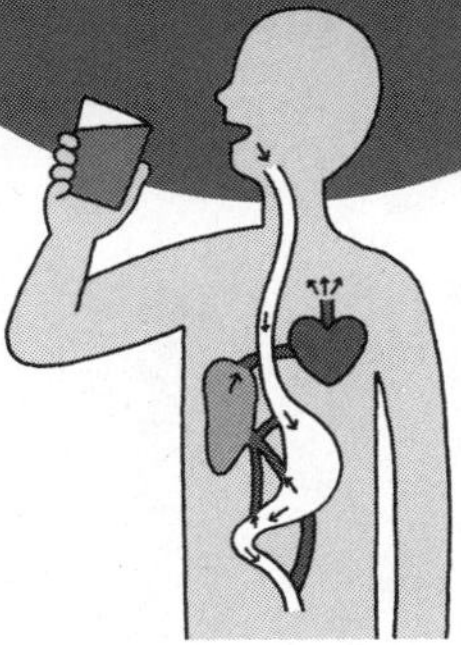

THE SCIENCE OF DRINKING

「酒の強さ」の正体とは

肝臓専門医
浅部伸一

久しぶりに飲むと弱くなっているのはなぜ？

コロナ禍では、酒場が新型コロナウイルスの感染リスクの高い場所として名指しされ、飲食店でのアルコールの提供がなくなり、「外飲み」が一切できないときがあった。自宅ではほとんど酒を飲まず、外飲みがメインだった人の多くは、コロナ禍によって飲酒量がガクンと減ることになった。

そして、緊急事態宣言が解除され、久しぶりに酒を口にしたとき、「あれ、弱くなっているな」と感じた人は少なくないだろう。いつもより少ない量で酔いが回ったり、ビール1杯で顔が少し赤くなったり、すぐ陽気になったりするのだ。

なぜこのような現象が起きるのだろうか。そもそも、酒の強さはどのように決まるのだろう。

肝臓専門医・浅部伸一さんは、酒に強いかどうかは「**アセトアルデヒドの分解能力**で決まる部分が大きい」と言う。

酒を飲むと、アルコール（エタノール）は胃や小腸で吸収され、主に**肝臓**で分解される。アルコールは代謝されてまず「アセトアルデヒド」になり、それからさらに代謝されて「酢酸」になる。アセトアルデヒドは人体にとって有害であり、酢酸は無害だ。

「アセトアルデヒドの分解が遅い体質の人は、少量の飲酒でも顔が赤くなったり吐き気がしたりする、**フラッシング反応**が起きます」（浅部さん）

つまり、アルコールが分解されるプロセスの中で、個人差が大きいのがアセトアルデヒドを分解するステップであり、それは体質によって左右されるというわけだ。

タバコなどにも含まれるアセトアルデヒドは人体にとって有害であり、発がん性が疑われている。この分解能力が低い人は、それだけ長い時間、体内にアセトアルデヒドがとどまることになり、そのせいで顔が赤くなったり、吐き気がしたりする。

一方で、アセトアルデヒドの分解がスムーズに行われる体質の人は、酒をどんどん飲んでもケロッとしている酒豪タイプなのである。

アルコールの分解は主に肝臓で行われる

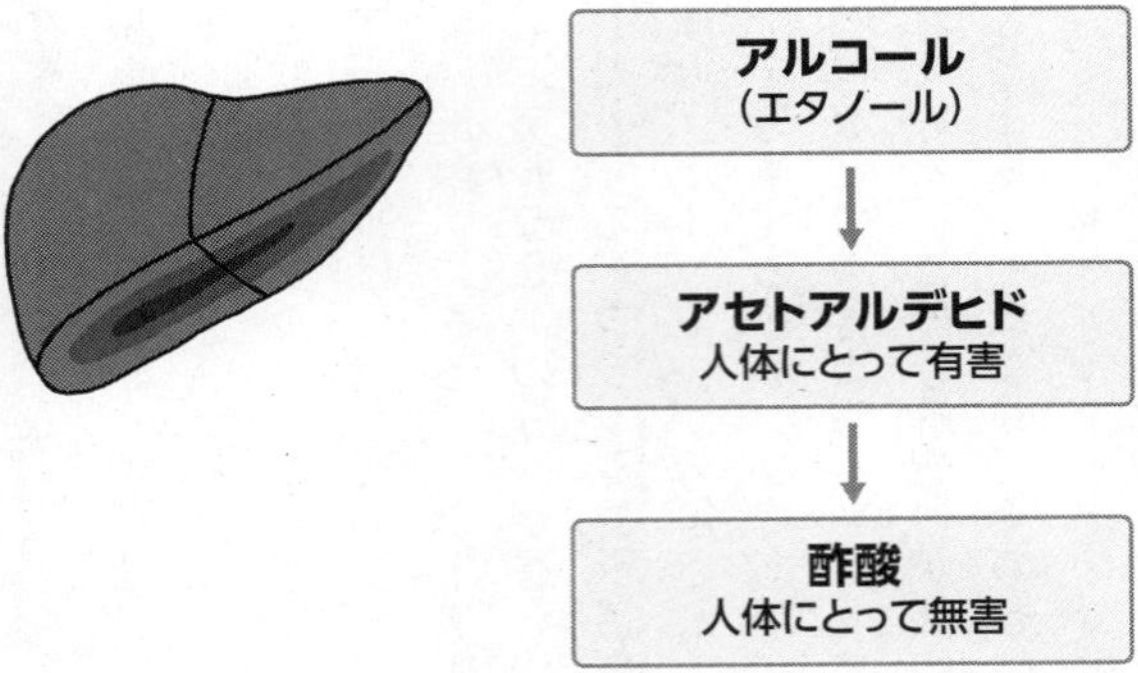

アルコール（エタノール）は、主に肝臓で分解される。まず、分解されてアセトアルデヒドになり、次に酢酸になる。酒に強いかどうかは、アセトアルデヒドの分解能力で決まる部分が大きい

「鍛えて強くなった人」は飲まないと弱くなる

アセトアルデヒドの分解能力に、なぜここまで個人差があるのか。この点をもっと深掘りしてみよう。

浅部さんによると、「久しぶりに飲んだら酒に弱くなっていた」という経験をする人は、実は「酒を飲み続けるうちに、だんだんと強くなっていった」という経験もしているのだという。

どういうことだろうか。

もともとあまり酒に強くなく、すぐに顔が赤くなったり、少量で酔っぱらったりしていた人でも、飲み続けるうちにだんだんと酒に強くなり、量も

多く飲めるようになる、ということがある。

実は私もそのタイプだ。強くなることを「肝臓が鍛えられた」などと言ったりする。そういうタイプの人は、しばらく飲まない、あるいは飲む量が減った日が続くと、今度は酒に弱くなってしまう。というか、「元の強さに戻る」のである。

「コロナ禍でお酒を飲む機会が減った人が久しぶりに飲んだとき、以前のように飲めず、『弱くなっている』と感じたのであれば、鍛えて強くなった分がなくなり、元のお酒の強さに戻っている可能性が高いでしょう」（浅部さん）

浅部さんによると、アルコールを代謝する経路は大きく2つに分かれていて、そのうちのひとつが、酒を飲み続けることで盛んに使われるようになるのだという。

「アルコール（エタノール）が酢酸になるまでのプロセスに着目すると、大きく2つの経路があります。ひとつは、『アルコール脱水素酵素とアルデヒド脱水素酵素』が使われる経路。そしてもうひとつは、『**MEOS**（ミクロゾーム・エタノール酸化酵素系）』という酵素群が使われる経路です」（浅部さん）

アセトアルデヒドの分解が遅い体質の人は、遺伝的にアルデヒド脱水素酵素の働きが低いことが多い。そういう人は、アセトアルデヒドがなかなか分解できないので、酒に弱い。ただ、弱い人でも飲み続けるうちにＭＥＯＳの酵素が「誘導」されて、ア

アルコールの代謝経路は主に2つ

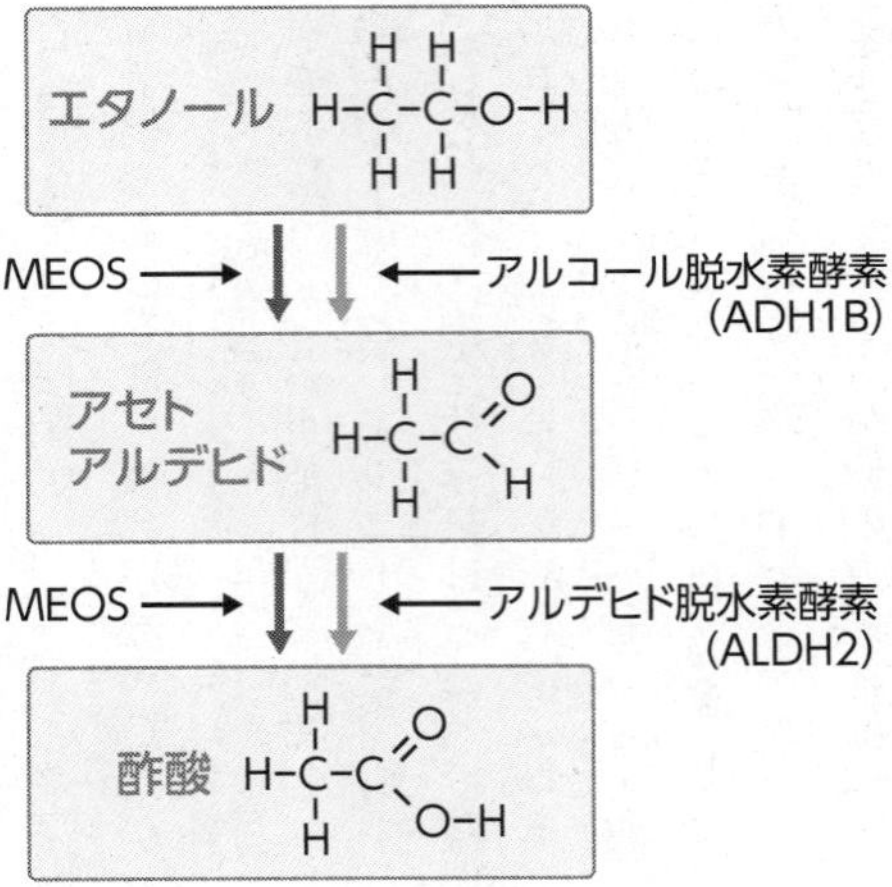

アルコール（エタノール）が酢酸になるプロセスに着目すると、大きく2つの経路がある。「アルコール脱水素酵素とアルデヒド脱水素酵素」が使われる経路と、「MEOS」という酵素群が使われる経路だ

ルコールの代謝に使われるようになると、次第に強くなっていく（またアルデヒド脱水素酵素も多少は誘導される）。

本来、ＭＥＯＳによる代謝経路は薬などをはじめとする「異物」を分解するためのもの。ＭＥＯＳは肝臓に多くある酵素群で、薬だけではなくエタノールにも作用する。

「ＭＥＯＳには多くの酵素がありますが、中でも特にＣＹＰ２Ｅ１がエタノールを分解する酵素として知られています。日頃からよくお酒を飲む人は、ＣＹＰ２Ｅ１だけでなく、より多くの物質の代謝に関わるCYP3A4を含めたMEOSの酵素が多く誘導され、お酒に強くなっていきます。そうなると、薬の作用にも影響するといわれています。**薬が効きにくくなったり、反対に効き過ぎたりすることがある**のです」（浅部さん）

酒飲みであれば、「大酒飲みには薬が効かない」という話を一度は耳にしたことがあるだろう。薬の説明書に「服用の際、アルコールは控えてください」と書いてあるのは、酒と薬を一緒に飲むと競合が発生し、酵素の取り合いになってしまうことがあるからだ。

似たような話はグレープフルーツにもある。グレープフルーツに含まれる成分がMEOS（特にCYP3A4）の酵素の働きを一部阻害し、降圧薬などの作用を強めてしまうのだ。

酒に強くなれば、それだけたくさん飲めるのだから良いことではないか、と思うかもしれない。しかし、薬の代謝に影響を与えるという困った問題も起きてくるのだから、手放しで喜べるものではない。若くて健康なうちはまだいいが、年を取って持病を抱えるようになれば、薬が効きにくくなったり効き過ぎたりするのは大問題だ。

THE SCIENCE OF DRINKING

「酔っぱらう」とはどういう現象か

肝臓専門医
浅部伸一

アルコールは血流に乗って体中を駆け巡る

自分がどれぐらい酒に強いのかを把握することは、飲み過ぎを防止するためにも大切だ。

許容量が分からず、ハイペースで飲んでしまうと、酔いつぶれたり、二日酔いになったりしやすくなる。

昔は、12月になると連日のように忘年会が開催され、繁華街で「吐瀉物《としゃぶつ》」をよく見かけたものだ。盛り上がってつい飲み過ぎてしまっただけでなく、普段あまり飲まない人が付き合いで飲んだ結果、許容量を超えてしまったケースも多かっただろう。コロナ禍以降は、あまりそういう光景を見かけなくなったが。

酒を飲むとき、1日のトータルの飲酒量を把握することは、病気の予防のためにも重要だ。一方、「どれぐらいのペースで飲むか」については、その場で楽しく酒を飲めるかどうかに関わってくる、これまた重要なファクターなのだ。

アルコールは主に肝臓で分解されるが、その分解能力には個人差がある。肝臓専門医・浅部伸一さんは、「アルコールの分解能力を数値で表すのはなかなか難しいですね。もし表せたとしても、体調によって変わってくるだろうし、一定ではないと思われます」と話す。つまり、自分の酒の強さを把握するといっても、測定して数値にするのはなかなか難しい、というわけだ。

いずれにせよ、口から体に入ったアルコールは、胃と小腸で吸収され、主に肝臓で分解される。この分解には時間がかかるので、それまでの間、アルコールは血流に乗って体を駆け巡る。そのため、「**血中アルコール濃度**」を調べれば、体内にアルコールが残っているかどうかが分かる。

「血中アルコール濃度は、体内に入ったアルコールと、肝臓が分解する量とのバランスで決まります。肝臓の分解能力が低い人は血中アルコール濃度が上がりやすい傾向にあります」（浅部さん）

アルコールの吸収と分解

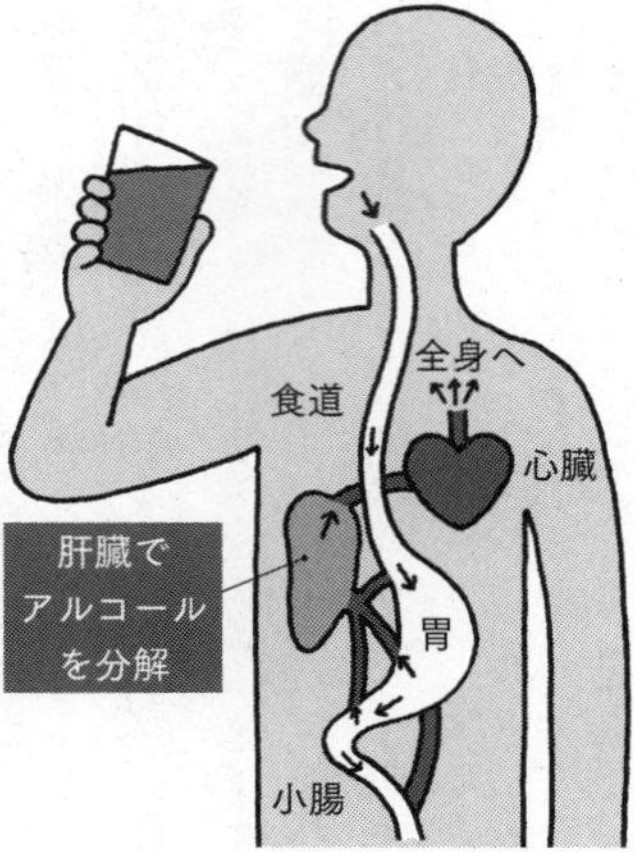

口から入ったアルコールは、胃で5%、小腸で残りの95%が吸収される。主に肝臓で分解されるが、それには時間がかかるので、アルコールは分解され尽くすまで血流に乗り体中を移動する

まだ分解されていないアルコールは、脳にも達し、神経細胞に作用する。アルコールが脳に影響を与えるのはなんとなく想像がつくだろう。酒を飲んで陽気な気分になったり、気が大きくなったり、普段は言わないようなことを言ってしまったりするのは、脳にアルコールが影響を与えている証拠なのだ。

さらに飲むと、今度はふらついたり、千鳥足になったり、まともに立てなくなったりする。これは、脳の中でも運動を司る小脳にまでアルコールの影響が達していることを意味する。

血中アルコール濃度と酔いの症状

- **爽快期（血中アルコール濃度20 ～ 40mg/dL）**
  症状：陽気になる、皮膚が赤くなる
- **ほろ酔い期（血中アルコール濃度50 ～ 100mg/dL）**
  症状：ほろ酔い気分、手の動きが活発になる
- **酩酊初期（血中アルコール濃度110 ～ 150mg/dL）**
  症状：気が大きくなる、立てばふらつく
- **酩酊極期（血中アルコール濃度160 ～ 300mg/dL）**
  症状：何度も同じことをしゃべる、千鳥足
- **泥酔期（血中アルコール濃度310 ～ 400mg/dL）**
  症状：意識がはっきりしない、立てない
- **昏睡期（血中アルコール濃度410mg/dL以上）**
  症状：揺り起こしても起きない、呼吸抑制から死亡に至る

（出典：厚生労働省e-ヘルスネット「アルコール酩酊」）

厚生労働省は、血中アルコール濃度と酔いの症状を、次の図のようにまとめている。*1

「お酒が弱い人は、少量のアルコール摂取でも血中アルコール濃度が高くなります。また、お酒を飲み慣れていない人は、自分がどれぐらい飲めば危険かということが分からないので、より気をつけて飲んでほしいですね。ピッチを落として、ゆっくり飲むことを心がけましょう」（浅部さん）

胃になるべくアルコールをとどめておくのがコツ

血中アルコール濃度が上がれば上がるほど、深刻な症状が起きる。陽気に

なったり、ほろ酔い気分になるだけならいいが、何度も同じことをしゃべったり、千鳥足になったり、意識を失ったりするのは勘弁してもらいたい。自分がそうならないよう、気をつけたいものだ。

そのためには、とにかく血中アルコール濃度を急激に上げないこと。ゆっくりと酒を飲めば、血中アルコール濃度の急上昇を抑えられ、楽しく陽気な時間を長くできる。

浅部さんによると、血中アルコール濃度の急上昇を抑えるためには飲み方にコツがあるそうだ。

「血中アルコール濃度を急激に上げないためには、**空腹で飲まない**ことが大切です。空腹で飲むと、アルコールが吸収されやすい小腸にお酒がすぐに到達し、すみやかにアルコールが吸収されて、血中アルコール濃度があっという間に上がります。胃の中に食べ物があると、アルコールも胃の中にとどまり、吸収をゆるやかにすることができるのです」（浅部さん）

アルコールは、胃では5％ほどが吸収され、残りの95％は小腸で吸収される。そして、小腸での吸収はとても速い。小腸の内壁には腸絨毛《じゅうもう》と呼ばれる突起が無数にあり、そのため小腸の表面積は成人男性の場合、テニスコート1面分にもなるといわれている。胃の表面積よりもはるかに大きいため、小腸にアルコールが送られれば一気に吸収されてしまうのである。

空腹で飲まないようにするためには、飲む前にどのようなものを食べておくといいのだろうか。浅部さんは、意外にも「**油分を含む食べ物**」だという。

「油分を含む食べ物を先にとっておくと、消化管ホルモンの一種であるコレシストキニンなどが働き、胃の出口となる幽門が閉まります。これによって、胃におけるアルコールの滞留時間が長くなり、悪酔いを防ぐことができます」（浅部さん）

ただ、油分を含む食べ物といっても、揚げ物だとカロリーも多く、中性脂肪の増加につながり、肥満の原因にもなる。浅部さんのオススメは、「チーズや、ドレッシングに油を使ったサラダ」などだという。

このほか、オリーブオイルを使った魚介のカルパッチョや、オリーブオイルとニンニクで食材を煮込むアヒージョなどでもいいだろう。

また、酒と一緒に水を飲むことでも、血中アルコール濃度の急激な上昇を抑えることができる。特に、アルコール度数の高い酒を飲むときは、チェイサーとして水を忘れずに飲むようにしたい。

THE SCIENCE OF DRINKING

謎多き「二日酔い」の正体

久里浜医療センター
名誉院長
樋口　進

二日酔いのメカニズムは驚くほど分かっていない

酒飲みならほぼ誰もが経験し、二度と経験したくないと思うのが「**二日酔い**」である。

この二日酔いは、飲み過ぎによって起こるのは間違いないのだが、そのメカニズムはまだ謎に包まれたままだ。

実際、私が周囲の酒好きの人に聞いてみても、二日酔いの原因を正確に把握できていないことのほうが多い。その日の体調、空腹の度合い、アルコールの飲み合わせ、チェイサーの有無、蒸留酒または醸造酒などの種類によって、二日酔いになったりならなかったりする。私自身も、先週は同じ量を飲んでもびくともしなかったのに、今週は翌日使い物にならない、なんてこともある。

アルコールと健康についての研究で日本を代表する、久里浜医療センターの名誉院長・樋口進さんは、「二日酔いの原因、それにメカニズムは、**驚くほど分かっていない**」と言う。

例えば、アルコールを分解するプロセスの途中で生じる**アセトアルデヒド**が二日酔いの原因ではないか、という見方がある。アセトアルデヒドは人体にとって有害で、顔が赤くなったり、吐き気がしたり、動悸がしたり、眠くなったりするフラッシング反応を引き起こす。これらは、二日酔いの症状にも共通しているからだ。

しかし、樋口さんは、「二日酔いの方を検査しても、血中からアセトアルデヒドが検出されることは、ほぼゼロです」と話す。

樋口さんによると、お酒を飲んでも顔が赤くならない人、つまりアルコール耐性の強い人がお酒を飲んでいる最中に検査しても、アセトアルデヒドはほぼ検出されないそうだ。これは体内でアセトアルデヒドが早々に分解されてしまうからだと考えられる。

そして、お酒を飲んで顔が赤くなる人の場合でも、「アセトアルデヒドが検出される

二日酔いのメカニズム（助長要因）の候補

- **軽度の離脱症状**
  アルコール依存症の「禁断症状」に似た症状が出る
- **ホルモン異常・脱水・低血糖など**
  分泌状態が変わるホルモンがあり、脱水や低血糖を引き起こす
- **体内の酸性・アルカリ性のアンバランス**
  体が酸性に傾いてしまい、疲労感につながる
- **炎症反応**
  体内で炎症反応が起きる
- **酒に含まれる不純物（コンジナー）の影響**
  色のついた酒や醸造酒は不純物が多く二日酔いになりやすい
- **アセトアルデヒドの後遺症**
  体内にアセトアルデヒドがあった影響が残っている

（出典：厚生労働省e-ヘルスネット「二日酔いのメカニズム」）

のは初期の段階だけ。時間がたつにつれ、アセトアルデヒドは検出されなくなります。こうしたことからも、二日酔いの直接の原因は、アセトアルデヒドではないと考えられます」（樋口さん）

ただし、お酒を飲んで赤くなる人は二日酔いになりやすい、という研究報告がある。このため、「もしかするとアセトアルデヒドそのものではなく、その『後遺症』が二日酔いに関係している可能性もあります」と樋口さんは言う。

実は「禁断症状のミニ版」？

それでは、二日酔いの原因やメカニズムで、現在ほかにどのようなことが分かっているのだろうか。

現在、二日酔いのメカニズム（助長要因）の候補として考えられるものからいくつか樋口さんに挙げてもらった[*2]（右図）。

このように樋口さんに列挙してもらったが、恥ずかしながら、ほとんどの項目が理解できない。特に分からないのが最初の「**離脱症状**」だ。実は、アルコール依存症の患者が酒を控えたときに起こすのが「離脱症状」つまり、いわゆる「**禁断症状**」なのだという。

「二日酔いは『**軽度のアルコール離脱症状が原因**』という説があるのです。アルコールを飲むと脳は『機能変化』を起こします。機能変化を起こした脳は、元に戻ろうとするのですが、この際に出る典型的な症状が、吐き気、動悸、冷や汗、手が震えるといったものです。こうした不快な症状が俗に言う『禁断症状』と呼ばれるもの。アルコール依存症の方はこの禁断症状に耐えることができないため、アルコールを終始飲

み続け、脳が機能変化を起こしっぱなしの状態にあるのです」（樋口さん）

例えば、酒を飲んで寝ると、寝つきはいいが、夜中に目が覚めてしまうことがある。眠りが浅くなるわけだが、これが禁断症状の一種ではないか、という説がある。「アルコール依存症で禁断症状があると眠れなくなります。つまり、酒を飲んで寝たときに睡眠が浅くなるのは、『禁断症状のミニ版が起きている』という解釈なのです」（樋口さん）

二日酔いが「プチ・アルコール離脱症状」なのであれば、絶対にお勧めできないのが、二日酔いでしんどいときの「**迎え酒**」だ。あくまで一時的だが、迎え酒をするとそれまでの不快な症状が吹き飛び、スッキリしてしまうことがある。だがしかし、これはアルコール依存症の人が禁断症状に耐えられず、酒を飲んでしまい、一時的にスッキリしたのと同じことなのだ。

ちなみに、バー経営をしていた知人は、結局この「プチ・アルコール離脱症状」の繰り返しでアルコール依存症になってしまった。「ただの二日酔い」と甘く見てはいけない。

ただし、樋口さんによると、脳波検査の結果を見ると、離脱時期と二日酔い時で正反対のパターンを示すことから、この解釈について異議を唱えている研究者もいるのだという。

ホルモンの変化が脱水や低血糖を助長する

二日酔いのメカニズムの候補としては、ほかにも、**ホルモン異常・脱水・低血糖、酸性・アルカリ性のアンバランスや、炎症反応**など、普段あまり耳にしない言葉が並ぶ。

樋口さんによると、酒に酔った状態から二日酔いの状態になっていく間に、分泌状態が大きく変わるホルモンがある。具体的には、尿量を下げる抗利尿ホルモン、尿の排泄や血圧の調整に関係するアルドステロン、レニンなどだ。これらの分泌状態が変わることで、脱水や低血糖といった二日酔いの症状が引き起こされる可能性がある。

「アルコールは、抗利尿ホルモンを抑制します。そのため、みなさん実感されているように、お酒を飲むと尿が増え、トイレが近くなります。尿の量が増えると、体は脱水状態となり、二日酔い特有の口の渇きや、吐き気、倦怠感、頭痛などが起こると考えられています」(樋口さん)

血糖値を下げるホルモンであるインスリン、そして血糖値を上げるホルモンであるグルカゴンの分泌も変化し、低血糖状態につながる。低血糖による典型的な症状は、体がだるくなって無気力になったり、気持ち悪くなったり、冷や汗が出たり、頭痛を起こしたりすることなどだ。これらも二日酔いによく見られるものだ。

また、二日酔いになると、体の酸性・アルカリ性のバランス（酸塩基平衡）が酸性に傾いてしまう。これにより、疲労感が強まるのだという。このほか、二日酔い状態では炎症反応のマーカーが高値になることも知られており、これが二日酔いの際に消炎鎮痛剤がある程度の効果があることの根拠になっているのだそうだ。

THE SCIENCE OF DRINKING

二日酔いを防ぐかしこい飲み方

久里浜医療センター
名誉院長
樋口進

色のついた酒のほうが二日酔いになりやすい理由

二日酔いのメカニズムはまだ分かっていないが、アルコール依存症の「禁断症状のミニ版」ともいえる症状が起きているという説がある。そう聞くと、二度と二日酔いにはなりたくないと切に願う。

もちろん、飲み過ぎるから二日酔いになるということは十分に理解している。二日酔いにならないためには、飲み過ぎなければいいだけのことだ。

だが、それができないときもある。同じ量を飲んでも、体調のせいなのか二日酔いになったりならなかったりする。二日酔いになるメカニズムは、さまざまな要因が複雑に絡んでくるものなのだろう。

そもそも、二日酔いになるギリギリまで飲もうとするのがいけないのである。なるべく余裕をもって杯を置けばいいだけのことだ。もう若くないのだから、サッと切り上げてお開きにすれば、二日酔いになる確率はグッと減るだろう。

だが、それを頭では理解していても、できないのが酒飲みの性だ。ここはひとつ、恥を忍んで、先ほど「二日酔い＝禁断症状のミニ版」という説を教えてくれた久里浜医療センター名誉院長・樋口進さんに、二日酔いになりにくい飲み方について聞いてみよう。

「よく分かっていらっしゃると思いますが、大前提として飲み過ぎは禁物。二日酔いの詳しいメカニズムはまだ未解明ですが、『飲み過ぎ』によって起こることは間違いありません。基本は、酒量を抑えることです」（樋口さん）

このように前置きしつつ、樋口さんは、酒の種類によって二日酔いの度合いが変わってくることがある、と教えてくれた。

例えば、**色がついている酒とそうでない酒**、そして**醸造酒と蒸留酒**によって、二日酔いのなりやすさが違う傾向があるそうだ。

酒の色については、「ウイスキーとジンを、同じアルコールの濃度・量を飲んだ場合、ウイスキーのほうが二日酔いが起こりやすいという報告があります。また、赤ワインと白ワインを比較すると、赤ワインのほうが二日酔いになりやすいという報告があります」（樋口さん）

確かに、赤ワインのほうが白ワインよりも二日酔いになりやすいというのは、個人的な経験からも納得のいくところだ。だが、なぜなのだろうか。

樋口さんは「色のついたお酒のほうが、お酒に含まれる成分が多いことが原因」だと話す。お酒に含まれる、水とアルコール（エタノール）以外の成分は「**コンジナー**（不純物）」と呼ばれる。

初めて耳にする人も多いであろうコンジナー。水とアルコール以外の成分を指すコンジナーは、酒の風味や個性を決める重要な要素になる。だが樋口さんによると、基本的にコンジナーが多いお酒のほうが二日酔いを招きやすいのだという。

蒸留酒に比べ、醸造酒のほうが二日酔いを起こしやすいといわれるのも、同様に、コンジナーの量で説明できるという。

「蒸留酒は、醸造酒を蒸留して製造されます。この蒸留過程により、アルコールの濃度が高まると同時に、コンジナーは大幅に減ります。蒸留酒は翌日残りにくいといわれるのも、この影響が大きいのではないかと考えられます」と樋口さんは話す。

ということは、個人差（体質）もあるだろうが、大きな傾向として「色のついたお酒より透明なお酒」「醸造酒より蒸留酒」を選んだほうが二日酔いのリスクは減らせるということか。

となると、透明な蒸留酒である本格焼酎などは最適ではないか。樋口さんに聞いてみると、「そもそも蒸留酒はアルコール度数が高いので注意してください。二日酔いのリスクが低いからといって飲み過ぎては元も子もありません。二日酔いの最大の原因は飲み過ぎですから」と釘を刺された。

「空きっ腹にハイボール」は危険

ほかにも酒を選ぶ際のポイントはある。スパークリングワインやビール、ハイボールといった**炭酸系**の酒は、「胃の蠕動《ぜんどう》運動が促進されることで腸でのアルコールの吸収が促進され、血中アルコール濃度が上がりやすくなります。そのため、酔いやすくなるので注意が必要です」と樋口さん。

また、酒とともに水（チェイサー）もきちんととるようにする、蒸留酒などアルコール度数の高いお酒は、水で割って飲むといったことも実践するとよいそうだ。

血中アルコール濃度が急に上がると、歯止めが利かなくなり、結果として飲み過ぎてしまうことが多い。「これぐらいで止めておけば二日酔いにはならないだろう」と判断できる理性を保つには、血中アルコール濃度が急激に上がらないよう、ゆっくりとしたペースで飲むことが大切なのだ。

「加えて、食べながら飲むことも、血中アルコール濃度を急に上げないために必須です。食べながら飲むことは、低血糖状態を防ぐことにもつながります。二日酔いを助長する要因のひとつに低血糖があります。そして、同じく助長要因である脱水症状を防ぐためにも、お酒を飲みながら水も飲みましょう」（樋口さん）

空きっ腹に飲むハイボールのおいしさったらないのだが……。二日酔いを回避するためには食べてから飲むのが基本である。

では、予防の効果もなく、二日酔いになってしまったときには何が効くのだろう？

「まずは水分の摂取です。そして糖分です。二日酔いの気持ち悪い状態から少し回復しつつあるとき、甘いものをとると調子が良くなるケースがよく見られます。このことから、私は**オレンジジュース**を勧めています。ゆっくりですが血糖値が上がります。脱水症状と低血糖の解消というダブルの効果が期待できます」（樋口さん）

果物などに含まれる果糖（フルクトース）は、昔からアルコールの分解を早めることが知られているのだそうだ。オレンジジュースはこの果糖を多く含んでいることもあり勧めているのだと樋口さんは話す。

ちなみに、二日酔いを改善しようとサウナに行く人がいるが、あれはどうなのだろうか。

「汗をかいてもお酒は抜けません。さらに脱水症状を促進させてしまうので、むしろ危険です。不整脈のリスクも高まります。絶対にやめましょう。お風呂も同様です」（樋口さん）

私の周囲の酒豪は、「酒が抜けないからサウナ行ってくる」というタイプが多い。私もサウナに行けば「汗をかいて酒が抜け、二日酔いが治る」と思っていたが、どうやら正反対のことをしていたらしい。

樋口さんによると、サウナや風呂は「さっぱりすることで、酒が抜けたと勘違いしてるだけ」とのこと。二日酔いの何よりの特効薬は「水分や糖分をとって、安静にしていること」なのである。

THE SCIENCE OF DRINKING

いつまでも健康でいられる「適量」はある？

筑波大学准教授
吉本　尚

厚生労働省は適量を「1日20g」と定めたが…

多くの酒飲みが知りたいと感じているのは、自分にとってどれぐらいの飲酒量が「適量」なのか、ということである。

酒に強いからといって、毎晩浴びるように飲んでいたら病気になるのは目に見えている。飲み過ぎが体に悪いのは明らかだが、それならばどれぐらいの飲酒量なら「ほどほど」に飲んだことになるのだろうか。

また、「ほどほど」に飲めば健康にいいのではないか、という期待も多くの人にあるだろう。長寿大国の日本では、100歳を超える長寿の方が晩酌をするシーンが

飲んだ純アルコール量を求める計算式

酒の度数÷100
×飲んだ量（mL）
×0.8（エタノールの比重）
＝純アルコール量（g）

複数の種類の酒を飲んだ場合は、それぞれの純アルコール量を足し合わせる

ニュースなどで流れたりもするので、「**酒は百薬の長**」という言葉が今なお多くの人に信じられている。

そこで、飲酒と健康についての研究を手がける医師の筑波大学准教授・吉本尚さんに聞いてみた。

先生、医学的な「適量」はあるのでしょうか？

「厚生労働省は2000年に、21世紀における国民健康づくりを目的とした『健康日本21（第1次）』を発表しました。その中で、『節度ある適度な飲酒』として1日平均純アルコール換算で**約20g程度**という数字が明文化されました。これが日本におけるいわゆる『適量』であり、この数字が出たのは画期的なことでした（※）」（吉本さん）

※ただし、2024年に同省が公表した「健康に配慮した飲酒に関するガイドライン」では、「いわゆる適量はない（決められない）」というスタンスが示された

1日平均純アルコール換算で約20g程度……。これはつまり、飲んだ酒に含まれるアルコールの重さがだいたい20gになるという意味だ。上図のような計算式で純アルコールの量を求めることができる。そして、20gというと、ビールなら中瓶（500mL）1本、日本酒なら1合（180mL）、ワインならグラス2～3杯だ。正直、少ない。しかも、女性はアルコールの影響をより受けやすいので、その半分から3分の2程度が適量だとされている。あまりの少なさにがっくりしてしまう。

それでは、1日平均20g程度という適量は、どのように決まったのだろうか。

「日本人男性を7年間追跡した国内でのコホート研究*3の結果や、欧米人を対象とした海外の研究の結果*4などを基に、なるべく病気のリスクが上がらない飲酒量ということで決められました。逆に、どれだけ多く飲むと体に悪いのかについては、毎日60g以上飲むとがんをはじめとするさまざまな病気のリスクが上がることが以前から知られていました」（吉本さん）

なるほど、1日で60g以上はキケン、せめて20gに抑えよう、ということか。

なお、医学の世界では、病気のリスクがどれくらいあるかを調べるために、大規模な疫学調査を行う。先ほど紹介した日本人男性を7年間追跡した調査では、40～59歳の1万9231人を対象にしていた。また、海外の研究の結果といっていたものは、

アルコール消費量と死亡リスク（Jカーブの例）

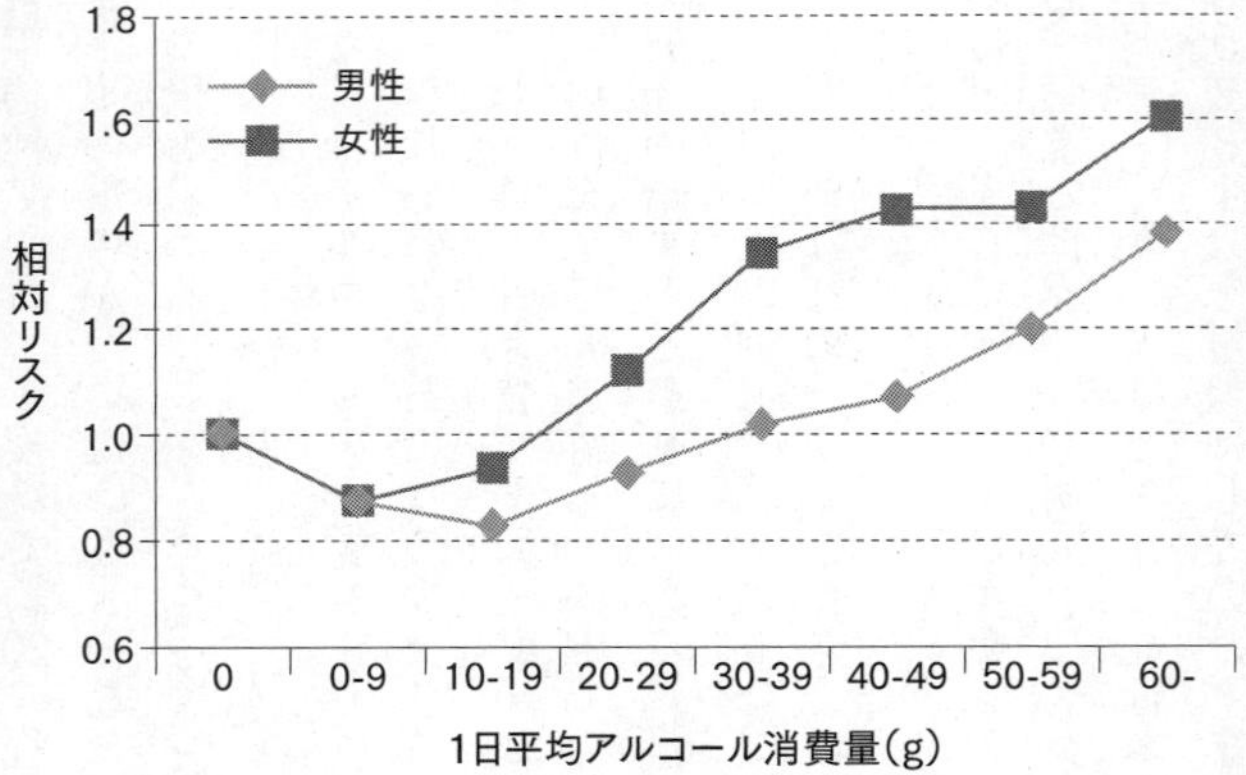

海外の14の研究をまとめて解析した結果。適量を飲酒する人は死亡リスクが低い傾向が確認できる（出典：Holman CD,et al. Med J Aust. 1996;164:141-145.）

16の疫学研究をメタ分析したものだ。

覆された「少し飲んだほうが長生き」説

さて、その海外の研究結果の中に、興味深いグラフがある。横軸を1日平均アルコール消費量、縦軸を死亡リスク（酒を飲まない人を1とした相対リスク）にすると、男性については1日当たりのアルコール量が10～19gで、女性では1日9gまでが最も死亡リスクが低く、それ以降はアルコール量が増加するに従って死亡率が上昇することが示されている。

これがいわゆる「**Jカーブ**」のグラフだ。アルファベットの「J」を斜めに倒したように見えることからそう呼ばれている。そして、これを根拠に「まったく飲まない人よりもほどほどに飲んだほうが長生き」という説を信じている酒好きもいる。

なぜこのような形のグラフになるのかというと、心疾患や脳梗塞などの血管に関連した病気については、少し酒を飲んだほうが良い影響があるためだ。心疾患や脳梗塞は、死につながる可能性の大きな病気であるため、結果として死亡リスクをこのグラフのように押し下げる効果があるというわけだ。

しかし吉本さんは、「このグラフについては、以前から研究者の間では『まったく飲まない人の死亡リスクがこんなに高くはならないのではないか』という指摘がありました。飲酒が血管に対していい効果があるのは確かとはいえ、ほかの病気については少量の飲酒でもリスクが上がることから、トータルで見たら飲酒量は少なければ少ないほうがいいのではないか、と研究者の間では考えられてきたのです」と話す。

そうして研究が続けられ、ついに2018年に世界的権威のある医学雑誌Lancet《ランセット》に画期的な論文が掲載される。[*5]

「この論文は、1990~2016年に195の国と地域におけるアルコールの消費量とアルコールに起因する死亡などの関係について分析したもので、健康への悪影響

アルコール消費量とアルコール関連疾患のリスクの関係

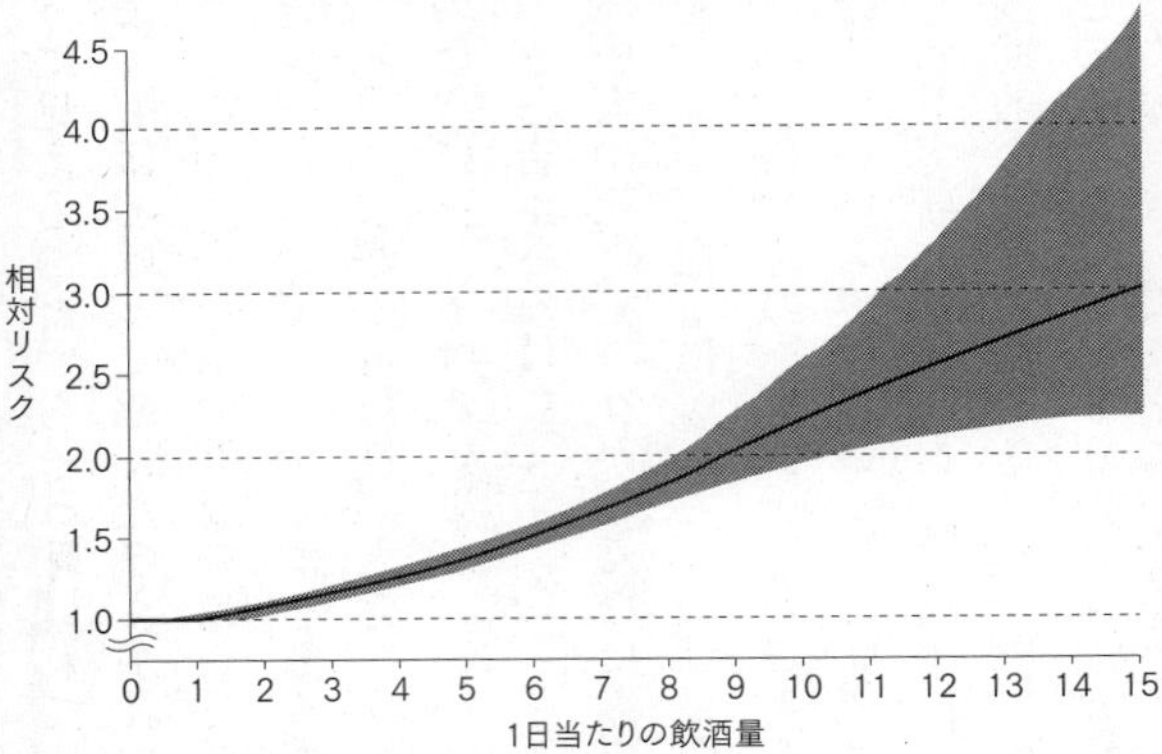

縦軸は相対リスク。横軸はアルコールの消費量で、1単位は純アルコール換算で10g（出典：Lancet. 2018;392:1015-35.を基に作成）

を最小化するアルコールの消費レベルは『ゼロ』であると結論づけています。つまり、『まったく飲まないことが健康に最もよい』ということです」（吉本さん）

この論文のグラフを見ると、もはやJカーブとはいえないだろう。

「1日の飲酒量が10gくらいまでは疾患リスクの上昇はあるものの緩やかで、それより多くなると明確に上昇傾向を示しています。『飲むなら少量がいい、できたら飲まないほうがいい』ということですね」（吉本さん）

もちろん、論文ひとつで結論が下せるわけではない。だが、「酒は百薬の長」とは言えなくなったのは間違いないだろう。

THE SCIENCE OF DRINKING

γ－GTP値の正しい読み方

肝臓専門医
浅部伸一

γ－GTPの悪化は「沈黙の臓器の悲鳴」なのか？

筋金入りの酒飲みは、健康診断の「数値の悪さ」を自慢しがちである。私の周囲でも、特に肝機能の指標とされる「γ－GTP」の値が「3桁だった」などと言う人が多い。

だが、そもそもγ－GTPとは何だろうか。ほかにも、肝臓に関しては「AST（GOT）」や「ALT（GPT）」といった数値もある。ここでは、肝臓専門医・浅部伸一さんにまとめて聞いてみよう。

「γ－GTPは胆管の細胞に多く含まれる酵素で、肝臓の細胞にもあり、たんぱく質

肝臓と胆のう、胆管の構造

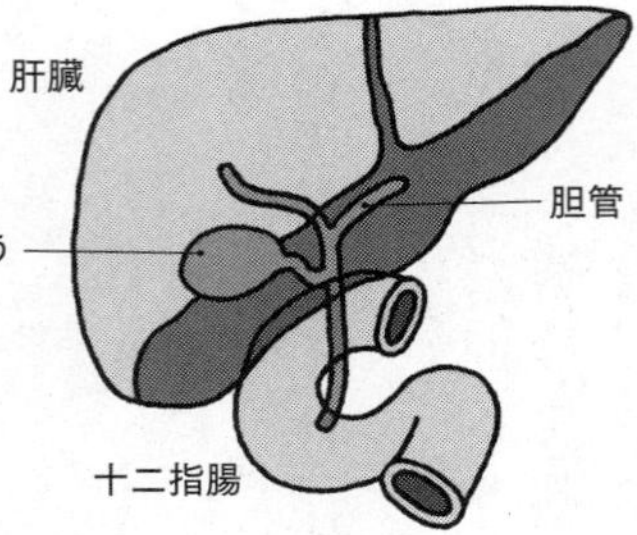

脂肪を分解するための「胆汁」が肝臓で作られ、それをためておくための袋状の臓器が胆のう。胆のうは肝臓や十二指腸と胆管でつながっている

を分解し、肝臓での解毒作用に関わっています。胆管が障害されたり、肝臓の細胞でγ－GTPの量が増えてくると、血液中にγ－GTPが流れ出てくるので、肝機能の指標として使われます。基準値は、検査する医療機関によって異なりますが、50IU／L以下などとなっています」（浅部さん）

胆のうは肝臓に密接に関わる臓器だ。脂肪を分解するための「**胆汁**」を肝臓が作り、それをためておくための袋状の臓器が胆のうであり、肝臓や十二指腸と胆管でつながっている。

肝臓は腹腔内では最大の臓器で、成人でおよそ体重の2％程度、1～1・5kgの重さがある。肝臓の役割は、先ほども述べたように胆汁を作ったり体内に入った毒物を分解したりするほか、体内に吸収された栄養素を代謝

して体が活用できるように変化させる作用もある。

さまざまな物質の分解や合成を行うため、肝臓は「人体の化学工場」とも呼ばれている。常にフル稼働しているわけではなく、予備能力が非常に高い。病気で肝臓の細胞が少し痛んでも、ほかの部分が処理を肩代わりするため問題はない。再生能力も高く、一部が欠けても修復されるため、肝臓がんの手術でその3分の2を切除することも可能だ。

「予備能力も再生能力も高いため、病気になってもほとんど症状は現れません。そのため『**沈黙の臓器**』と呼ばれるのです。だからこそ、γ－GTPなどの検査値に注目する必要があります」（浅部さん）

酒を飲み過ぎて肝臓に脂肪がたまる「**アルコール性脂肪肝**」になると、γ－GTPの値は高くなる。γ－GTPが100を超えるような場合は、脂肪肝などの肝臓の障害や胆道系の病気である可能性があるので、医療機関を受診したほうがいいそうだ。

「ただし、γ－GTPはアルコールに敏感に反応するので、肝臓に障害がなくても、普段からよくお酒を飲む人は値が高くなります。そのような場合は、一定期間禁酒したあとにまた検査すれば、γ－GTPは下がります。禁酒後の検査でもγ－GTPが下がらなければ、やはり肝臓などに障害がある可能性が高くなります」（浅部さん）

γ-GTP、ALT、ASTの基準値

	γ-GTP	AST, ALT
基準値	～50	～30
要注意	51～	31～
要受診	101～	51～

（単位：IU/L）なお、検査する医療機関によって基準値は異なる

ASTとALTにも注目しなければならない理由

ほかにも、酒にすごく強い人は、たくさん飲んでもγ－GTPがあまり上がらない場合もある。そのため、γ－GTPだけを見て判断するのは危険だ。だからこそ、ASTとALTにも注意したい。この2つは肝臓で作られる酵素で、アミノ酸の代謝に関わる働きをしており、やはり肝臓の細胞が壊れると血液中に放出される。

「ASTとALTの基準値は、5～30IU／Lです。これが50を超えるような場合は医療機関を受診してください。もし100を超えたら、脂肪肝や慢性肝炎の疑いがありますす」（浅部さん）。ASTは筋肉や赤血球にも存在するがALTは主に肝臓に存在する。もしALTがASTより高くなる傾向があれば、肝臓に慢性的な障害が起きている可能性がある。

THE SCIENCE OF DRINKING

酒飲みじゃなくても気をつけたい「脂肪肝」

肝臓専門医
浅部伸一

酒飲みにはとても身近な脂肪肝

酒飲みに多いのは、何と言っても**脂肪肝**だろう。

脂肪肝とは、何らかの原因で肝臓の細胞の30％以上に脂肪（中性脂肪）が蓄積している状態のことだ。酒を多く飲むと中性脂肪がたまりやすくなるので、脂肪肝は酒飲みの宿命といえるかもしれない。

肝臓専門医・浅部伸一さんは、「日本人の成人の約3割は脂肪肝であるという報告もあります。特に中高年男性なら半数が脂肪肝であると考えられるぐらい、身近なものです」と指摘する。

脂肪肝は「フォアグラ状態の肝臓」

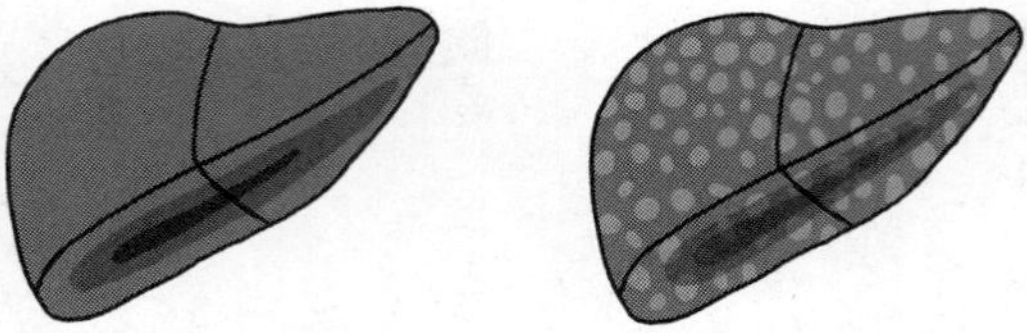

健康な肝臓　　脂肪肝

肝臓の細胞の30％以上に脂肪が蓄積されると「脂肪肝」になる

酒飲みの中には「健康診断のγ－GTPが3桁だった」などと自慢げに言う人もいるが、3桁を超えてしまった場合、脂肪肝である可能性があるので、肝臓を専門とする医療機関を受診したほうがいい。

健康な人でも肝臓の細胞の5％程度には脂肪が蓄積されている。これが30％を超えてしまったのが脂肪肝だ。いわば「**フォアグラ状態**」で、実際に画像診断で脂肪肝は白っぽく見えるという。

脂肪肝がやっかいなのは、放置するとやがて肝臓がカチカチに硬くなる「**肝硬変**」につながる場合があることだ。

「脂肪肝には、いくつか種類があります。お酒を飲み過ぎた人がなるのが『アルコール性脂肪肝』、お酒をあまり飲んでいなくても食べ過ぎや運動不足などで肝臓に脂肪がたまるのが『**代謝機能障害関連脂肪性肝疾患**（**MASLD**《マッスルディー》）』です。脂肪肝は男性に多

脂肪肝の分類

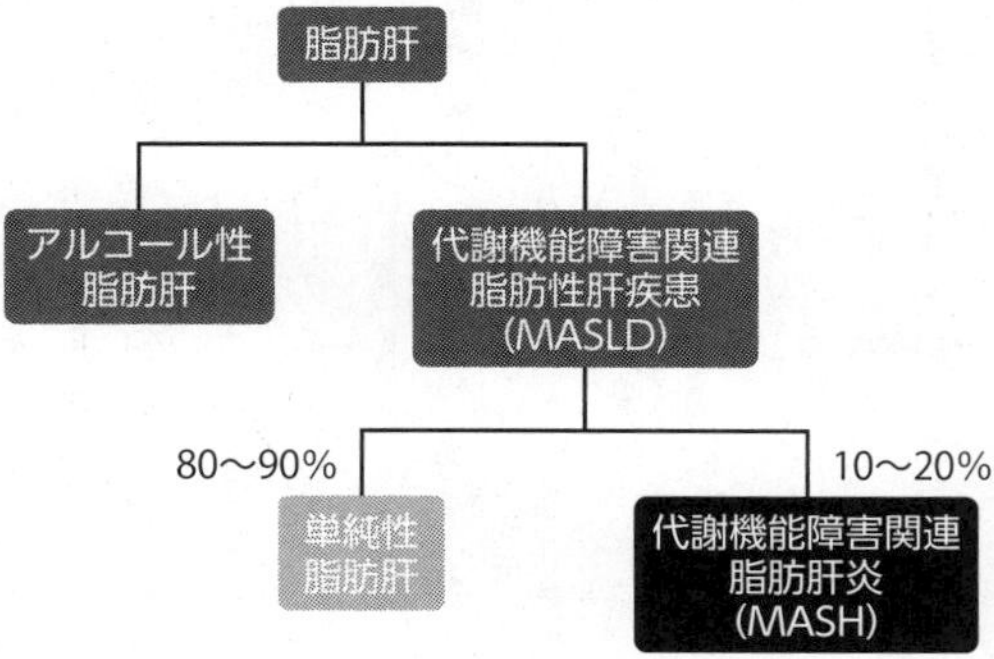

代謝機能障害関連脂肪性肝疾患（MASLD）のうち、10〜20％は徐々に悪化して、肝硬変や肝臓がんを発症することがある。これは「代謝機能障害関連脂肪肝炎（MASH）」と呼ばれる

い疾患ですが、閉経後の女性も注意が必要です」（浅部さん）

ＭＡＳＬＤの80～90％は、長期にわたって経過を見ても脂肪肝のままで病気は進行しない（単純性脂肪肝）。しかし、残りの10～20％は徐々に悪化して、肝硬変や肝臓がんを発症することがある。この脂肪肝から少しずつ進行していく病気は、「**代謝機能障害関連脂肪肝炎**（**ＭＡＳＨ**《マッシュ》）」と呼ばれる。

「ＭＡＳＨ」は進行して肝硬変や肝臓がんに

脂肪肝は、脂肪の蓄積具合によって、軽度、中度、重度の3段階があり、腹部エコー検査やＣＴ（コンピューター断層撮影）検査によって診断される。怖いのは、「肝臓は沈黙の臓器」というだけあって、自覚症状がほとんどないところだ。

「アルコール性脂肪肝であれば、原因がはっきりしているので、飲酒量を減らしたり、場合によっては断酒したりする必要があります。ＭＡＳＨの場合は、病名に『代謝機能障害』という言葉が入っていることからも分かるように、背景にはメタボがあります。さらにＭＡＳＨの人が飲酒すると、肝臓の炎症がひどくなることがあります」（浅部さん）

ああ、耳にしたくない「断酒」というワードが！「脂肪肝で断酒」なんてことにならないためにも、健康診断の検査結果は軽視してはならないのだ。

なお、ＭＡＳＨをそのまま放置すると、5～10年かけ、じわじわと肝硬変や肝臓がんへと進行していく場合がある。食生活を見直したり、ダイエットしたりすることに加え、アルコールも適量といわれる1日20ｇ（純アルコール換算。ビールなら中瓶1本、日本酒なら1合）以内に抑えたほうがいいそうだ。

現在、増えているのは、酒を飲まない人の脂肪肝であるＭＡＳＨだという。

「肝臓に脂肪がたまりやすい体質の人が、運動不足や過食が原因でＭＡＳＨになり、それを放置した結果、肝硬変や肝臓がんになってしまうということが問題になっています。お酒を飲まなくても脂肪肝とは無縁ではありません」と浅部さんは注意を促す。

THE SCIENCE OF DRINKING

健診結果が悪い人が飲み続けるとどうなるか

肝臓専門医
浅部伸一

血糖値、血圧、コレステロールと酒の関係は?

健康診断や人間ドックの結果では、γ-GTPなど肝臓に関連した数値のほかにも、血糖、血圧、中性脂肪、コレステロールなど、生活習慣病のリスクに関わる数値が気になる人も多いはずだ。

コロナ禍で運動不足になり、血糖や血圧、中性脂肪などの数値が悪くなった、という話もよく聞く。

そこで、糖尿病、高血圧、脂質異常症といった生活習慣病のリスクとアルコールとの関係についても、肝臓専門医・浅部伸一さんに聞いてみよう。

まずは**血糖値**から。「お酒は直接的には血糖値をあまり上げません。だからといって血糖値が高めの人はいくらでも飲んでいいのかというと、そうではありません。長期にわたって飲み過ぎの状態が続くと、肝臓と膵臓《すいぞう》がダメージを受け、その結果インスリンの分泌が抑えられたり、インスリンの効きが悪くなったりして、血糖値が上がってしまいます」（浅部さん）

健康診断の結果、糖尿病でなくとも、その予備群の疑いありと指摘されたら、一度専門医を受診して、インスリンの分泌状態などを調べたほうがいい、とのことだ。

続いて、**血圧**について。「お酒を飲むと一時的に血圧は下がりますが、翌朝は上昇します。起床後1〜2時間の血圧が高い『早朝高血圧』は、心筋梗塞や脳卒中などの脳心血管系の疾患のリスクが高くなります。血圧が高くてお酒を飲む人は、自分で1日のうち時間帯を変えて血圧を測ってみてください。中年以降で高血圧の方は、動脈硬化を防ぐためにも血圧を下げる『降圧薬』を処方してもらうことも検討しましょう」（浅部さん）

また、酒のつまみは、イカの塩辛や漬物など、塩分が多めなものも人気だ。塩分を多くとると血圧を上げてしまうので注意しよう。

そして、**脂質異常症**について。脂質異常症には、血液中の**中性脂肪**が多いタイプ、

アルコールの代謝経路

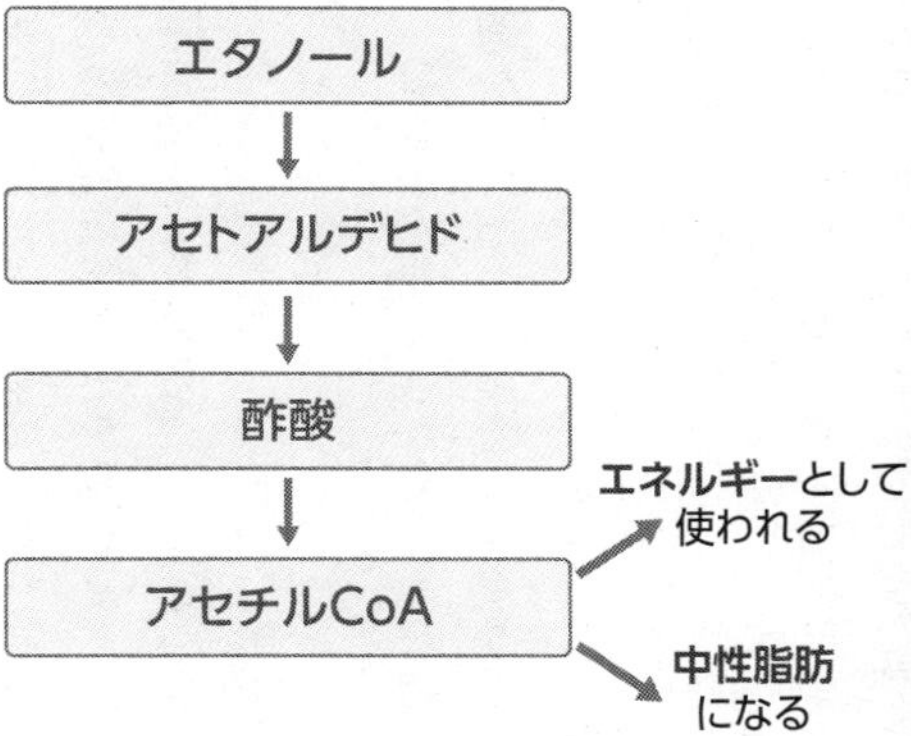

ＬＤＬ（悪玉）コレステロールが多いタイプ、そして**ＨＤＬ（善玉）コレステロール**が少ないタイプがある。「お酒の影響を受けやすいのは、中性脂肪とＨＤＬコレステロールです。すでにお話ししたように、飲み過ぎは中性脂肪の数値を上げます。一方、適度な飲酒はＨＤＬコレステロールを増やす効果があるのではないかといわれています。しかし、その効果には個人差があると考えられ、ＨＤＬコレステロールのためにどんどん飲みましょうとは言えません。飲み過ぎれば、中性脂肪がたまり、肥満や、そのほかの病気につながりますので注意しましょう」（浅部さん）

なぜ中性脂肪がたまりやすくなるのか

酒を飲むと中性脂肪がたまりやすくなるという現象について、補足しておこう。

アルコール（エタノール）が代謝されるとき、アセトアルデヒドを経て、酢酸ができる。この酢酸は、アセチルＣｏＡ（補酵素Ａ）に変換される。このアセチルＣｏＡは重要な物質で、これからＡＴＰ（アデノシン三リン酸）が生成され、体の中でエネルギー源として利用される。ＡＴＰから産出されるエネルギーを使って私たちの体は生命を維持しているのだ。

アルコールが代謝されてできた物質がすべてエネルギー源として使われるのであれば問題ないのだが、実際にはそうではない。

「大量にお酒を飲むと、余ったアセチルＣｏＡは脂肪酸を経て中性脂肪に変えられ、肝臓をはじめ、皮下や内臓に蓄えられます。お酒好きの多くが悩む中性脂肪過多は、これが主な原因です。お酒を飲む際、油っこいものをおつまみにすると、より体内の脂肪酸が増え、中性脂肪の増加につながるので注意が必要です」（浅部さん）

アルコールが分解されてできたアセチルＣｏＡが、にっくき中性脂肪の原因になるとは。コロナ禍になってから受けた健康診断でちょっと上がった中性脂肪の数値がうらめしい。浅部さんは「内臓にたまった中性脂肪は、脳梗塞や動脈硬化、肝臓がんなどのリスクを高めるので甘く見てはいけません」と注意を促す。

以前は、LDLコレステロールが「悪玉コレステロール」として動脈硬化に関わるとされていたのに対し、中性脂肪はさほど危険視されていなかった。しかし最近では、中性脂肪が高いこともさまざまな病気のリスクになることが報告されているという。

痛風の予防は「プリン体」を控えるだけではダメ

もうひとつ、酒飲みにとって重要な検査値がある。「尿酸値」だ。そして、尿酸値と言えば、風が吹いただけで痛むという痛風である。痛風は正確には「痛風関節炎」という。血液などに含まれる尿酸という物質が結晶化して、関節にたまって炎症を起こし、足の指、膝などに激しい痛みを引き起こす。

健康な人の尿酸値は5・0～6・9mg／dL程度で、尿酸値が7・0mg／dLを超えた状態は高尿酸血症と呼ばれる。7・0mg／dLを超えてくると、尿酸が結晶化しやすくなり、痛風の発作を起こす可能性が高まるのだ。

アルコール摂取量が増えるほど痛風発症リスクは増える

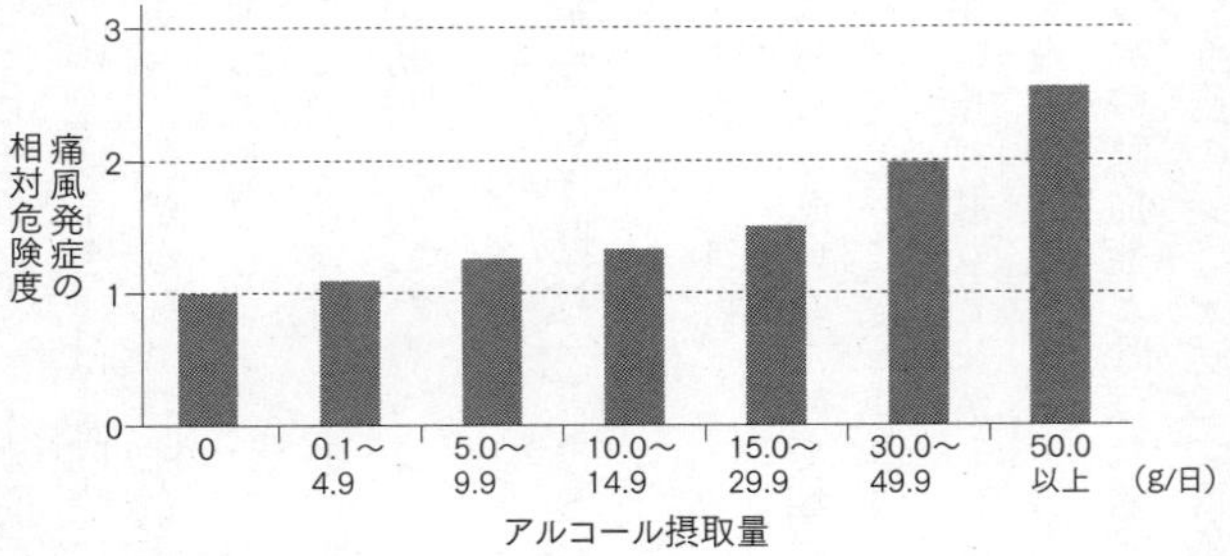

(出典：Lancet. 2004 Apr 17;363(9417):1277-81.)

尿酸は**プリン体**から作られる。だから尿酸値が高い人は、プリン体を多く含む鶏レバーやマイワシの干物などの食品やビールなどの飲料を控えたほうがいいといわれるわけだ。昨今、よく見かける「プリン体ゼロ」のアルコール飲料は、尿酸値を気にする酒好きにとっては助っ人的な存在といってもいいだろう。

だが、プリン体を控えれば痛風を予防できるわけではない。プリン体の7〜8割は体内で作られていて、食べ物から取り込まれるプリン体は2〜3割しかなく、その影響はあまり大きくないということが分かってきたのだ。

実は、アルコールそのものに尿酸を上げる効果があり、アルコールの摂取量が多いほど痛風の発症リスクが高まるという研究結果もある。[*6]

尿酸値が高い人がビールを控えたり、プリン体ゼロの飲料を選んだりするのは間違ってはいないのだが、それ以前に飲酒量を減らさなければならないのだ。

なお、痛風といえばおじさんの病気というイメージがあったが、最近は比較的若い世代の患者も増えているという。また、痛風・高尿酸血症になるのは圧倒的に男性が多く、9割以上が男性の患者だが、これは女性ホルモンに尿酸の排泄を促す働きがあるからだ。そのため、女性でも閉経後は尿酸値が高くなる場合があるので注意したい。

二日酔いの味方？ ウコンの落とし穴

酒をたくさん飲むような飲み会の前は、ウコン入りのサプリやドリンク剤を飲む。多くの酒好きにとって、これがいわば飲み会前の儀式のひとつだった。私自身もウコン入りのドリンク剤を飲んでから酒を飲むと、酔いがまわりにくいと感じるし、翌朝は、いつもよりスッキリしているように思っていた。

今でも「ウコン＝肝臓に良い」と思っている人は意外と多い。しかし、このウコン、肝機能に問題がある人は控えたほうがいい。肝臓専門医・浅部伸一さんは、「実は、ウコンによる肝障害が多く報告されています」と言う。

「日本肝臓学会が、民間薬や健康食品などによる肝障害の調査を実施したところ、原因の中で一番多かったのがウコンだったのです。[*7] 全体の24・8％と断トツで高い結果となりました」（浅部さん）

浅部さんは実際に、ウコンが原因で肝障害になった患者さんを診察していたという。

「ある患者さんは、ウコンの成分が入ったサプリを飲むのではなく、ウコンの根の部分を通販で購入して、自分で煮出して飲んでいました」（浅部さん）

民間薬や健康食品による肝障害の起因薬物

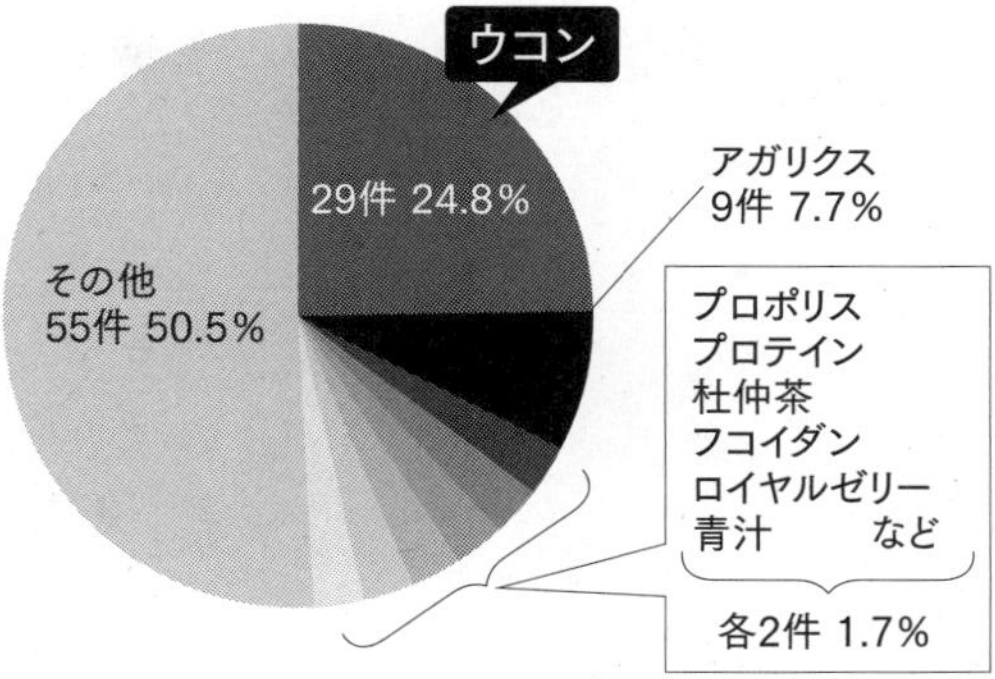

（出典：恩地 森一ら 肝臓 2005;46(3):142-148）

このような薬物性肝障害は、肝臓に何らかの問題がある人に起こりやすいという。注意が必要なのは、脂肪肝など肝機能に問題がある人だ。

「肝機能障害がない健康な人が、コンビニで買えるドリンク剤をたまに飲む程度であれば、過度に心配する必要はありません。実際、飲酒30分前にウコンに含まれるクルクミンという成分を飲んだ人は、アセトアルデヒドの血中濃度の上昇が抑えられたという報告もあります」と浅部さん。どんな健康食品もそうだが、副作用がないものはない。とり過ぎには注意しよう。

第2章

後悔する飲み方、しない飲み方

THE REGRETTABLE DRINKING

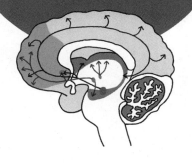

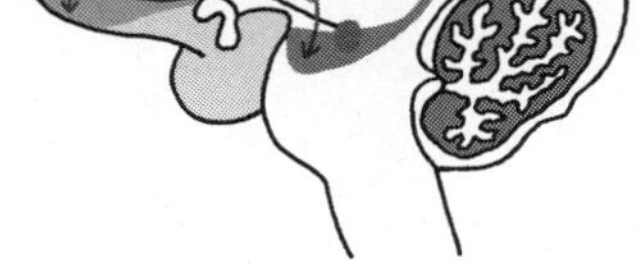

THE REGRETTABLE DRINKING

飲み過ぎると下痢になるのはなぜ？

神戸学院大学准教授
大平英夫

アルコールが原因の下痢には2パターンある

「酒をたくさん飲むとお腹を壊す」という酒飲みは意外と多い。実のところ私もそうで、飲み過ぎた翌朝は必ずと言っていいほどお腹を壊す。ひどいときはトイレにこもりっきりになってしまう。

風邪で体調が悪くなったのを機に断酒をした酒豪の友人から、「飲むのをやめたら、あれだけひどかった下痢が治ったんだよ」という連絡がきた。一晩にストロング系のロング缶を4～5缶空けたり、自宅で飲んで記憶をなくしたりするような飲み方をしていたが、下痢の原因はやはり飲み過ぎだったのだろうか。ついでに痔も改善し、絶好調のようだ。

アルコールもとり過ぎると腸に悪さを働くのだろうか。もしそうなら、どのようなメカニズムなのだろう。腸内環境に詳しい神戸学院大学栄養学部准教授の大平英夫さんに聞いてみた。

「アルコールを大量に摂取すると、水分と電解質（ナトリウムなど）の腸管への吸収が不十分になり、**浸透圧性の下痢**が起きます。これが飲み過ぎた翌日にお腹を壊すことの正体でしょう」（大平さん）

先ほど紹介した酒豪の友人も、いわゆる水下痢（水分の多い下痢）で、聞くと「ほぼ毎日下痢」だったそうだ。

大平さんによると、アルコールによる下痢にはもうひとつパターンがあるという。

「もうひとつは、長期にわたる過剰なアルコール摂取が原因で、消化機能が低下することによって起こる下痢です。このタイプの下痢は、便に過剰な脂肪が存在することから、『**脂肪便**』とも言われます。アルコールの長期摂取によって主に**膵臓**の機能が落ち、消化液や胆汁の分泌量が低下し、脂質やたんぱく質がうまく分解、吸収できないことで起こり、みぞおちが痛いなどの自覚症状が見られる場合もあります」（大平さん）

浸透圧性の下痢の経験がある酒飲みであっても、できることなら脂肪便は経験しないでおきたいものだ。

年がいもなく調子に乗り過ぎた飲み方はお腹を壊しやすい

ところで、飲み過ぎれば必ず浸透圧性の下痢になってしまうのだろうか。飲む量以外にも、何か関係してくるものはないのだろうか。飲み過ぎないに越したことはないのだが、腸にダメージをなるべく与えない、理想的な飲み方があれば知りたいところだ。

「アルコールは、胃腸など消化管に対して、常に悪い影響を及ぼすわけではありません。食事の前に『食前酒』を軽く1杯飲むと、食欲が増進され、胃腸の働きも活発になることが分かっています。胃腸の働きが良くなれば、浸透圧性の下痢になることはあまりありません。お酒には、消化管に良い影響を与えることと、悪い影響を与えることの両方があるのです」（大平さん）

確かに、食前酒を出すようなレストランや懐石料理のお店で会食をした場合、翌日お腹を壊すようなことはほとんどない。それでは、良い影響を与える場合と、悪い影響を与える場合の境目はどこにあるのだろう？

「大まかに言えば、良い影響というのは消化管の働きを活発にすることで、悪い影響というのは消化管の働きを抑制することです。これらはどちらも、アルコールが自律神経に作用した結果だと考えられます。この仕組みは非常に複雑なのですが、アルコールによって脳が『戦闘モード』になったり『癒やしモード』になったりすると表現すると分かりやすいかもしれません」（大平さん）

戦闘モードと癒やしモード……。まったく正反対のような気がするが、同じアルコールによる影響でどうしてそのような正反対のモードになるのだろうか。

「戦闘モードとは、『やる気ホルモン』と呼ばれるドーパミンが多く放出されるような状態です。こうなると人間は、興奮、覚醒、意欲の高まりが見られるようになり、消化管の活動は抑制されてしまいます。一方、癒やしモードでは、『幸せホルモン』と呼ばれるセロトニンが多く放出され、気分が安定し、消化管の活動が活発になり、食欲も増進するのです」（大平さん）

なんと！　であれば、常に幸せホルモンが脳内で放出されるような飲み方をすればいいではないか。そんな都合のいい飲み方はできませんか、先生。

「ドーパミンとセロトニンは、どちらか一方しか放出されないというわけではなく、

ドーパミンとセロトニン

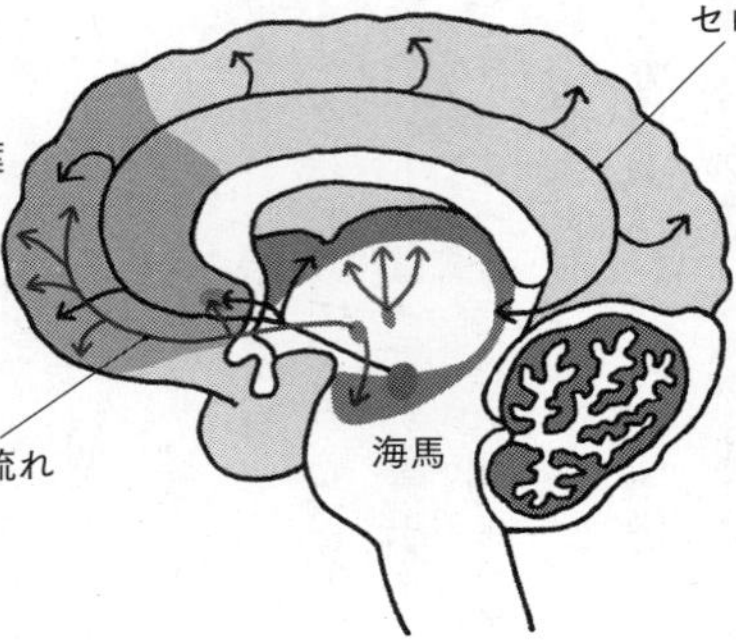

ドーパミンが優位になると、人間は興奮、覚醒、意欲の高まりが見られるようになるが、消化管の活動は抑制される。セロトニンが優位になると、気分が安定し、消化管の活動は活発になる

どちらも同時に出ています。それがやじろべえのように、ドーパミン放出のほうに傾いたり、セロトニン放出のほうに傾いたりして、どちらかの影響が強く出ることがあるのです。やじろべえがどちらに傾くのかは非常に複雑で、その人のアルコール分解能力や、その日の体調、また お酒を飲んでいる環境なども関係してくると考えられます」（大平さん）

大平さんによると、しゃれたレストランで食前酒をたしなむような会食をしているときはセロトニンが優位になるのに対し、居酒屋で大勢の若者が飲み会をしているときにはドーパミンが優位になるようなイメージのようだ。これは確かに納得できる。

「大学生が居酒屋で、『今日は飲むぞ、おー!』と気合いを入れているようなときこそが戦闘モードなのです。お酒を飲んでお腹を壊すのを避けたいのであれば、こういった飲み方はせず、高級料亭にいるようなゆったりとした気分で、食事を楽しみながらお酒を飲めばよいわけです」(大平さん)

なるほど、年がいもなく「今日は飲むぞ!」と盛り上がっていると、翌日お腹を壊すコースになってしまうわけか。気をつけなくては。そして大平さんによると、「**血中アルコール濃度**」も脳に対して大きな影響を及ぼすという。

「個人差はありますが、血中アルコール濃度が50mg/dLくらいまでは気分もさわやかでリラックスした状態。それから150mg/dLくらいまでは、気が大きくなったり、なれなれしくなったり、心拍数が増加したりします。さらにそれ以上の血中濃度になると、うまく歩けなくなったり、気分が悪くなって吐いてしまったり、突拍子もない行動をとったりします。そうならないよう、血中アルコール濃度が急に上がらないような飲み方をすることが大切です」(大平さん)

血中濃度を急に上げないためには、空腹で酒を飲まないようにして、食事と一緒にお酒を楽しんだり、飲むペースを控えめにして、水も一緒に飲んだりすればよい。これならすぐに実践できそうだ。

THE REGRETTABLE DRINKING

年を取ると酒に弱くなるのはなぜか

久里浜医療センター
名誉院長
樋口進

加齢で酒に弱くなる原因は大きく2つある

ひとつ年を重ねるごとに酒が弱くなる。年齢を重ねた酒好きであれば、一度は感じたことがあるのではないだろうか。

私事で恐縮だが、加齢が原因で酒が弱くなることは「日々感じている」と言っても過言ではない。20代の頃はどんなに飲んでも二日酔いになることはめったになかったが、50代になった今、ちょっとでも飲み過ぎると、翌日必ずと言っていいほど酒が残るようになった。もし20代と同じ量の酒を飲んだら二日酔いではなく、間違いなく三日酔いになる（怖くて飲めないけど）。

酒の抜けるスピードもとにかく遅くなった。飲み過ぎて二日酔いになったときも、若い頃なら昼くらいになると酒が抜け、「今夜は何を飲もうかな」と思ったものだが、今では夕方になってようやく調子が戻る。しかも「酒を飲みたい」という気持ちにはならず、飲み過ぎた翌日は結果的に休肝日になる。

酒量も減ったので、最近では「あと1杯飲みたいな」というところでやめておくのが普通になった。まあ、大人の飲み方と言えばそうなのだが、若い頃「酒豪」を誇ってきた者にとっては、何だかつまんないのである。

さらに加齢によって出てきた症状が「酒を飲むとすぐ眠くなる」こと。しかも飲んでいる場で眠くなってしまうことも多く、恥ずかしながら、ひどいときには船をこぎながら宴席に座っていることもある。

本当は若い頃のようにもっと酒を楽しみたい。しかし体が言うことを聞いてくれない。「加齢による症状だから」とあきらめるしかないのだろうか？ 若かりし頃の酒量をもう取り戻すことはできないのなら、今後、酒とどう付き合っていけばいいのだろうか。そこで、アルコールと健康の関係に詳しい久里浜医療センター名誉院長の樋口進さんに「加齢と飲酒の関係」について聞いてみた。

先生、年を重ねると酒が弱くなるのは、気のせいではなく本当なのでしょうか。

「残念ながら本当です。多くの方が実感されていると思いますが、加齢とともに人はお酒に弱くなっていきます」（樋口さん）

はあ……。やはり気のせいではなかったのか。となると知りたいのが、「年を重ねるとなぜ、酒に弱くなるか」である。

「原因は大きく2つあります。ひとつは加齢によって肝臓の機能が落ち、**アルコールを分解するスピードが遅くなる**からです。そうすると、同じ量を飲んだとしても、若い頃よりアルコールの血中濃度が高くなってしまうわけです。若い頃と同じ酒量を飲んで、翌日お酒が残っていると感じるのはそのためです。具体的に、分解スピードがどのくらい落ちるかというデータはありませんが、アルコールの分解速度が一番速いのは30代といわれています。その後は徐々に処理能力は落ちていくと考えられます」（樋口さん）

加齢によって、人の見た目だけでなく、肝臓も年をとっていくということか。確かに40代半ばを越えたくらいから、飲み過ぎた翌朝は、呼気などから明らかに酒が残っていると思うことが増えてきたように思う。

「2つ目の理由は、**体内の水分量の低下**です。ご存じのように、人間の体内の水分比率は、赤ちゃんの頃は80%と非常に高いのですが、加齢とともに下がっていきます。

体内に含まれる水分の割合

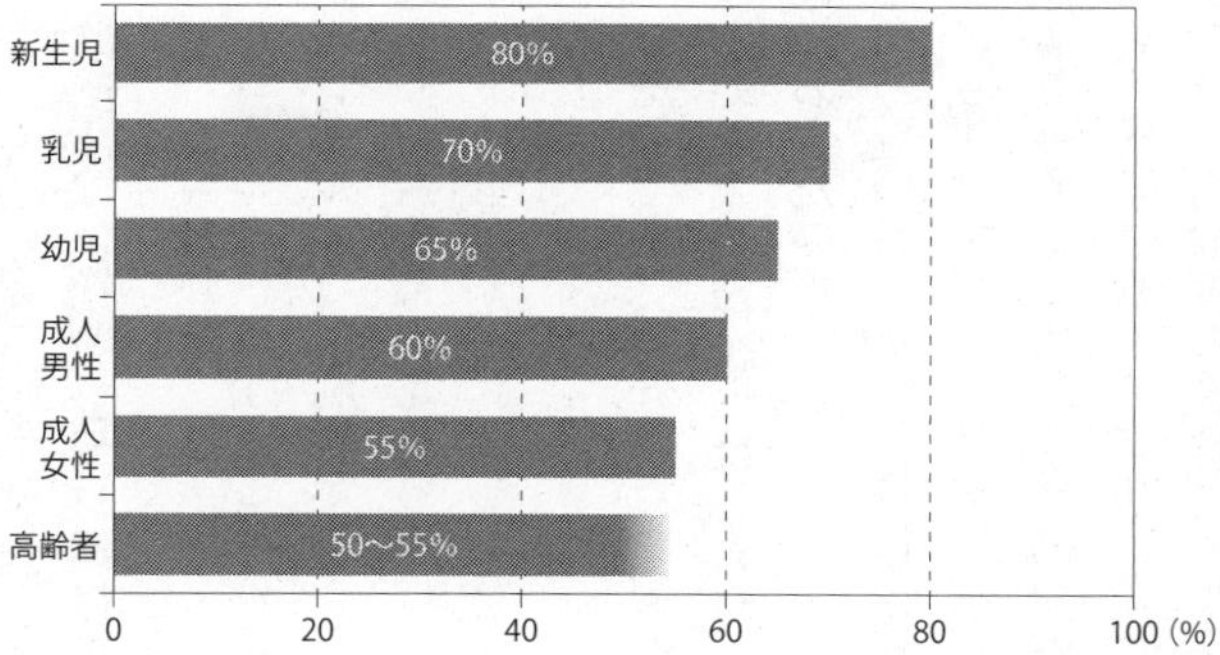

(出典:環境省『熱中症環境保健マニュアル2018』)

そして高齢者になると50%台になってしまいます[*1]。アルコールを飲めば体内の水分の中に溶け込むわけですが、体内の水分量が少なくなると、アルコールを溶かす対象の量が減るわけですから、血中のアルコール濃度が高くなりやすいのです」(樋口さん)

若い頃に比べ、今は少量でも気分よく酔えるようになったと感じている。経済的といえば経済的なのだが、その原因のひとつが体内水分量の低下だったとは……。

確かに、年を取るにつれて、肌もシワが増え、乾燥しやすくなるなど、水分量が減っていることを実感させられるようになった。それが酔いやすさにも影響しているとは知らなかった。

飲酒後に転倒、さらには失禁するケースも

アルコールを摂取することによって脱水が進みやすいことにも注意が必要だという。「アルコールには抗利尿ホルモンの分泌を抑制する作用があります。つまり、利尿作用により、**尿の量が増える**わけです。高齢者はもともと体内水分量が少ないところに、アルコールを飲んでしまうと、さらに脱水が進み、血中アルコール濃度がより高くなってしまいます」（樋口さん）

年を重ねても、気分は若い頃のままだと、ついムチャをしてしまいがちである。酒を飲んでも水分補給にはならず、反対に脱水を引き起こす原因となるということを知っておきたい。

また、樋口さんは、飲酒により、ふらつきがひどくなって**転倒する危険性**が高まることにも注意すべきと話す。「高齢者はただでさえ転倒しやすいのに、飲酒でそのリスクがより高くなります。飲酒後の転倒が原因で骨折して、寝たきり生活になってしまうというケースもあります」（樋口さん）

さらに、高齢者の場合、アルコールの飲み過ぎで尿や便を漏らしてしまう人も少な

くないのだという。こうした失敗はダイレクトに自信喪失につながるので、年を重ねるほど酒量には気をつけねばと思う。

シニアが飲酒で気をつけるべき具体的なポイントを樋口さんに教えていただいた。

「一番肝心なのは、やはり酒量を減らすこと。加齢とともに飲酒量を下げることをお勧めします。厚生労働省も、『65歳以上の高齢者においては、より少量の飲酒が適当である』としています」（樋口さん）

では、どのくらい減らせばいいのだろうか。

「現在、年齢別の適正酒量については明確なガイドラインはありません。目安としては『翌朝目覚めたときに残ってるな』と思うまでの量は飲まないことです。これは、最低限守らなければならないことです。個人差もあるので一概には言えませんが、少量減らすことで満足せず、できれば若い頃の半分以下まで思い切って減らすことをお勧めします」（樋口さん）

何度か試していけば、このくらいの酒量なら翌日残る、このくらいなら大丈夫という線が見えてくるだろう。自分で見極めて、酒量をうまくコントロールしてほしい。

THE REGRETTABLE DRINKING

ひとりでの自宅飲みはキケンか

筑波大学准教授
吉本　尚

コロナ禍で飲酒量が増えたのはどんな人？

新型コロナウイルス感染症の対策として、「外出自粛」に取り組んだ人も多いだろう。

家にいる時間が長くなった結果、**自宅で酒を飲む量が増えてしまった**のは、世界的に共通する傾向だったという。

だが、外出自粛することで飲食店に行く機会が減り、そもそも飲食店での酒類の提供がなくなったため、「結果として飲む量が減った」という人もいる。

要するに、飲酒の習慣が「外飲み中心なのか自宅でも飲むのか」という違いなのだが、みなさんはどうだっただろうか。

私といえば、自宅で飲む用に**5リットルの業務用ウイスキー**を買ってしまった……。

いつもなら、そんな大容量の酒は買わない。大容量の酒が身近にあると、つい飲み過ぎてしまうので「買わない」と心に決めていた。

しかし緊急事態宣言の後、「買い物は3日に一度に」という都知事の声明が出たこともあり、近所のスーパーに頻繁には行けなくなった。週末に入場制限をする店もあるし、さらにはまとめ買いの人が多いのか、お気に入りの酒が品薄だったりする。

言い訳にしか聞こえないかもしれないが、そんな事情もあって、ネットで業務用のウイスキーに手を出してしまったのだ。そして案の定、酒量が増えてしまった。

だがコロナ禍で酒量が増えたのは私だけではない。当時私の周囲の酒好きに聞いてみると、こんな声が返ってきた。

「仕事が終わったら移動せずにすぐ飲めるし、終電を気にしなくてすむ」

「テレワークだと早起きしなくていいから、ダラダラ遅くまで飲んでしまう」

「旅行にも行けず、その分、ぜいたくなテイクアウト料理や酒を買ってしまう」

「飲むことしか楽しみがない」

それでなくてもコロナ禍でさまざまなストレスが心身にかかっていたのだから、酒を飲みたくなるのも当然かもしれない。

このままでは私たちの健康に甚大な被害を及ぼしかねない。そこで、飲酒と健康についての研究を手がける筑波大学准教授・吉本尚さんに、コロナ禍で酒量が増えてしまった人の抱える問題について話を聞いた。

先生、コロナ禍で酒量が増えた人は多いのでしょうか。

「酒量が増えたという話は、あちこちから耳に入ってきました。懸念しているのは、アルコール依存症で断酒していた方がコロナ禍で再びお酒を飲み始めてしまう、『コロナ・スリップ』です。3密（密閉・密集・密接）の観点から自助グループの集いができなくなっていたことが大きな要因です」（吉本さん）

アルコール依存症の場合、同じ病を抱える人とのコミュニケーションが「再飲酒の大きな抑止力」になっていたはず。自助グループで人とリアルに会って話ができないことは、アルコール依存症を抱える方々にとって、大きな影響を及ぼしたようだ。

吉本さんは、コロナ禍における酒量の増加をどう見ているのだろうか？

「感染症の大規模流行は、『災害』のひとつです。これまで会社に通勤していたのがテレワークになったり、子どもや家族が毎日家にいたりと環境が激変しました。コロナがきっかけで休職あるいは失職し、精神的に大きなダメージを受けた人もいます。ストレスを抱え、その解消法としてお酒を選んでしまった人が多いのでしょう。また通勤時間がないことで時間に余裕ができ、外部の監視の目がないというのも酒量が増える原因になります」（吉本さん）

さらに「ジムやヨガスタジオ、マッサージやエステなどが閉鎖され、ストレス解消ツールの選択肢が少ないのも酒量を増加させる一因」と吉本さんは付け加える。

「この変化にすぐ順応できる方は心配ないのですが、そうではない方は、なんとかしてこの不安を忘れたい、ストレスを解消したいという思いから、ついお酒に走ってしまったのかもしれません」（吉本さん）

ストレスを解消するために飲む人が危ない

では、この状況下で、実際に酒量が増えたのはどういう人なのだろうか？

「最も危険なのは、**アルコール依存症**をはじめとする精神疾患を抱えている方です。そして、監視の目がないひとり暮らしも、ストッパーがないので危ないですね。また、ストレス解消のツールがお酒で、これまで外飲みがメインだった方が、終電を気にしなくてずっと飲んでしまうのも問題です」（吉本さん）

外飲みがメインだった人が「外で飲めなくなったから酒量が減った」となるのはいいのだが、飲むことしかストレス解消法がなく、自宅でも飲むようになった結果、酒量がどんどん増えてしまうのであれば大問題だ。

外飲みは、非日常の場所で酒を飲み、誰かと一緒に愚痴を言ったり、バカ話をしたりすることがストレス解消につながると私も感じている。

それが「**オンライン飲み**」でも実現できるかと思い、試しにお気に入りの焼き鳥屋のテイクアウトと酒を用意し、親しい仲間とやってみたが、通信状態が安定しなかったり、画質が悪かったりして、イマイチ盛り上がれなかった。「またねー」と通信を切った後、食べ終わった食器を自分で片付けるのも何か白ける。悪くはないのだが、リアルな外飲みと比べるとどこか物足りないのだ。

話を戻すと、吉本さんは、「ストレスを受けやすい、いわゆる『**タイプA**』と言われる人も危ない」とも言う。

「タイプAとは心理学の用語で、せっかち、怒りっぽい、競争心が強い、積極的な行動パターンを示す人を指します。このタイプは喫煙、多量飲酒などに陥りやすく、かつ日常的なストレスを受けやすい傾向にあります。協調性が求められる日本において、タイプAの行動パターンは表に出しにくいこともあり、外飲みでストレスを発散して

いた人もいると考えられます」（吉本さん）

自宅で酒量が増えたとしても、酒を飲んで楽しい気分でいられるのであればまだいいのだという。「怖いのは、酒量が増えるにつれ、『オレなんかどうせダメだ』とネガティブになってしまう人。罪悪感や自責の念を払拭するために、さらにお酒を追加するようになると、ますます危ない」（吉本さん）

楽しいお酒なら良いが、逆に落ち込んでしまったり、「どうしてこんなに飲んでしまうんだろう」と罪悪感を持つようになったりすると、かなりの危険信号。ＷＨＯ（世界保健機関）が作成したアルコール依存症のセルフチェック（ＡＵＤＩＴ《オーディット》、92ページ参照）には、「過去1年間に飲酒後、罪悪感や自責の念にかられたことが、どのくらいの頻度でありましたか？」という設問もあるという。

酒を飲んで楽しい気分になれないのであれば、それほど残念なことはない。そういう方こそ、酒量をコントロールする必要があるだろう。

THE REGRETTABLE DRINKING

減酒を考えたほうがいいのはどんな人？

東京アルコール
医療総合センター
垣渕洋一

コロナ禍では「短期間で重度の肝硬変」の例も

コロナ禍の際、私の周辺では外飲みがままならない状況もあってか、家飲みが習慣化し、飲酒量が増えている人が多くなった。しかし、その一方で外飲みの機会が減ったことを受けて、飲む量を減らしたり、ほとんど飲まなくなったりした人たちもいる。

飲む量が減ったのであれば、特に問題はない。問題なのは、飲酒量が増えた場合だ。飲む量が増え続け、多量飲酒が習慣化して、アルコール依存症になってしまったり、短期的に飲み過ぎて肝臓の状態が急激に悪化してしまったりするケースもある。

実際、アルコール依存症などの専門治療を実施する久里浜医療センターでは、アルコールに関する電話相談が、コロナ前と比べて1・5倍になったという。[*2]

私は、家飲みをしていたら酒量が増え、「このままではアルコール依存症になるのではないか」という不安から、飲む頻度を減らすことにした。今では「飲酒は週2回」というペースを一応守ってはいるが、今後はどうなるか分からない。

そこで、東京アルコール医療総合センター・センター長で、『「そろそろ、お酒やめようかな」と思ったときに読む本』(青春出版社)の著者、垣渕洋一さんに話を聞いた。

コロナ禍になってから、先生の病院ではアルコールに関する相談数は増えているのでしょうか?

「私が勤務する病院においては、アルコールに関する電話相談の数は、コロナ前とそう変わりません。ただ問題なのは、病院に来たときにすでに重度の肝硬変になっているような人が目立つようになったことです。肝臓の機能が維持できなくなり、さまざまな合併症が現れる状態に短期間でなってしまっていることです。なお、一般にコロナ禍でアルコールの害を受けたのは女性が多いと言われています」(垣渕さん)

重度の肝硬変? 短期間でそんな状態に陥る原因はいったい何なのだろうか。そしてなぜ女性のほうが多いと言われているのだろう。

「酒量が増え、肝臓の状態が悪くなった理由は千差万別です。コロナ禍では、感染が怖くて、不安から家でひたすら飲んでいたら具合が悪くなり、それでも受診のための外出さえも怖く、そのまま悪化してしまった、という話も聞きました。また、女性の場合は、コロナ禍で職を失った非正規雇用の女性が、不安を紛らわすために酒を大量に飲むようになったケースも多いようです。ただ、悪化する前に病院に来て、減酒を相談する方ももちろんいます」（垣渕さん）

減らしたいのに減らせない人は「セルフチェック」を

垣渕さんから見ると、「コロナ禍は断酒・減酒を考えるいい機会」だったという。それでは、どのような人が断酒・減酒を考えるといいのだろうか。

「酒量が増え続けてしまい、減らしたいのに減らせない人や、休肝日なしに毎日飲む人はもちろん、『晩酌をしないと1日が終わった気がしない』という人、お酒をやめると想像するだけで喪失感や切なさを感じるような人ですね」（垣渕さん）

「晩酌をしないと1日が終わった気がしない」というのは酒飲みの常套句。これを言っているうちは、なかなか自分の状況を客観視できそうにない。

「自分のアルコール依存症のリスクを判断するために試してもらいたいのが

AUDITです」[*3]と垣渕さんは言う。「AUDITはWHOが開発したスクリーニングテスト。肝臓の数値が悪化したり、お酒により人間関係が悪化したり、仕事に穴を開けてしまったりするなどの社会的な問題が重なったら、まずはAUDITで自分の状況を客観視してみましょう。その結果を見て、断酒や減酒を検討すればいいと思います」（垣渕さん）

AUDITの質問は10個。結果は0～40点で示され、7点以下は「問題ない飲み方」（ローリスク飲酒群）、8～14点は「**有害飲酒**」（ハイリスク飲酒群）、15点以上は「**危険な飲酒**」（依存症予備軍）、20点以上「**早急な治療が必要**」（依存症群）となる。ちなみに私は12点で「有害飲酒」だった。「飲酒は週2回」と決めたものの、まだまだ危険性をはらんでいるようだ。確かに年末の飲み会で、酔っぱらって人の靴を履き間違えて帰宅する失態をおかしてしまった（恥）。

次ページにAUDITを掲載するので、ぜひ試し、自分の現状をしっかりと認識してほしい。

飲酒スクリーニングテスト(AUDIT)

❶あなたはアルコール含有飲料をどのくらいの頻度で飲みますか？	
0	飲まない
1	1カ月に1度以下
2	1カ月に2～4度
3	1週に2～3度
4	1週に4度以上
❷飲酒するときには通常どのくらいの量を飲みますか？（日本酒1合は2ドリンクに相当※）	
0	1～2ドリンク
1	3～4ドリンク
2	5～6ドリンク
3	7～9ドリンク
4	10ドリンク以上
❸1度に6ドリンク以上飲酒することがどのくらいの頻度でありますか？	
0	ない
1	1カ月に1度未満
2	1カ月に1度
3	1週に1度
4	毎日あるいはほとんど毎日
❹過去1年間に、飲み始めるとやめられなかったことが、どのくらいの頻度でありましたか？	
0	ない
1	1カ月に1度未満
2	1カ月に1度
3	1週に1度
4	毎日あるいはほとんど毎日
❺過去1年間に、普通だと行えることを飲酒していたためにできなかったことが、どのくらいの頻度でありましたか？	
0	ない
1	1カ月に1度未満
2	1カ月に1度
3	1週に1度
4	毎日あるいはほとんど毎日

❻過去1年間に、深酒の後体調を整えるために、朝迎え酒をしなければならなかったことが、どのくらいの頻度でありましたか？	
0	ない
1	1カ月に1度未満
2	1カ月に1度
3	1週に1度
4	毎日あるいはほとんど毎日
❼過去1年間に、飲酒後、罪悪感や自責の念にかられたことが、どのくらいの頻度でありましたか？	
0	ない
1	1カ月に1度未満
2	1カ月に1度
3	1週に1度
4	毎日あるいはほとんど毎日
❽過去1年間に、飲酒のため前夜の出来事を思い出せなかったことが、どのくらいの頻度でありましたか？	
0	ない
1	1カ月に1度未満
2	1カ月に1度
3	1週に1度
4	毎日あるいはほとんど毎日
❾あなたの飲酒のために、あなた自身か他の誰かがけがをしたことがありますか？	
0	ない
2	あるが、過去1年にはなし
4	過去1年間にあり
❿肉親や親戚・友人・医師あるいは他の健康管理にたずさわる人が、あなたの飲酒について心配したり、飲酒量を減らすように勧めたりしたことがありますか？	
0	ない
2	あるが、過去1年にはなし
4	過去1年間にあり

※酒量は「日本酒1合＝2ドリンク」「ビール大瓶1本＝2.5ドリンク」「ウイスキー水割りダブル1杯＝2ドリンク」「焼酎お湯割り1杯＝1ドリンク」「ワイングラス1杯＝1.5ドリンク」「梅酒小コップ1杯＝1ドリンク」とする。

THE REGRETTABLE DRINKING

二日酔いの朝に運転すると飲酒運転になる？

久里浜医療センター
名誉院長
樋口　進

気づかずに飲酒運転してしまっている人もいる

女性芸能人が酒気帯び運転でひき逃げ事故を起こし、その後、彼女が道路交通法違反と自動車運転処罰法違反の罪で起訴された、というニュースがあった。幸い死亡事故には至らなかったものの、**飲酒運転**の怖さを改めて感じた事件であった。

人の命を奪う可能性がある飲酒運転は絶対にしてはならない。しかし酒をよく飲む人であれば、知らぬ間に飲酒運転をしている可能性もあるのだ。それは飲み過ぎた翌朝の運転である。

近年、飲酒運転に対する目は厳しさを増しており、飲んだ後にそのまま車を運転して帰るのはダメだという認識は広く定着していると思うが、その一方で、飲んだ翌朝は「よく寝て酒も抜けたし、もう大丈夫」と勝手に判断している人が少なくないように思う。実際、警察庁によると、飲酒運転した理由として、「時間経過により大丈夫だと思った」「出勤のため二日酔いで運転してしまった」などが挙がっているそうだ。

また、昨今は「○○市役所の職員、飲酒運転で処分」などというニュースも頻繁に目にする。これまで勤勉に働いてきたのに、たった一度の飲酒運転で人生が暗転する、などということがあり得るのだ。こうした事態に陥らぬためにも、正しい知識を身に付けておきたいところである。

ここで問題になるのは、酒を飲んだ後、どのくらい時間を空ければ車を運転して大丈夫かということだろう。もちろん、酒量やその人の体質などによって、その時間は変わるのだろうが、ある程度の目安を知っておくことは大切だ。

そこで、アルコール問題全般に詳しい、久里浜医療センター名誉院長・樋口進さんに、飲酒運転の怖さや、アルコールが体から抜ける時間や呼気検査の基準などについて聞いた。

まず、飲酒運転の基準についておさらいしておこう。日本における飲酒運転の基準

日本における飲酒運転の基準

		処分内容	点数	欠格・停止期間
酒酔い運転		免許取消	35点	3年
酒気帯び運転	呼気1L当たり0.25mg以上	免許取消	25点	2年
	呼気1L当たり0.15mg以上0.25mg未満	免許停止	13点	90日

この内容は一例。過去の交通事故や交通違反の前歴などにより異なる。

は改正道路交通法で定められている。それによると、呼気1L中に0・15mg以上のアルコールを検知した場合、「**酒気帯び運転**」としている。0・15mg以上、0・25mg未満なら免許停止（停止期間90日）、0・25mg以上なら免許取消（欠格期間2年）となる。

なお、これを血中アルコール濃度に換算すると、それぞれ0・03％（0・3mg／mL）、0・05％（0・5mg／mL）になる。さらに、呼気中の濃度にかかわらずアルコールで正常に運転できない恐れのある状態となると「**酒酔い運転**」となり、免許取消（欠格期間3年）となる。

では、酒気帯び運転に該当するのは、これは具体的にどのくらいの酒量を飲んだときなのだろうか。

「ビール中瓶1本（500mL）あるいは日本酒1合

血中アルコール濃度と事故リスクの関係

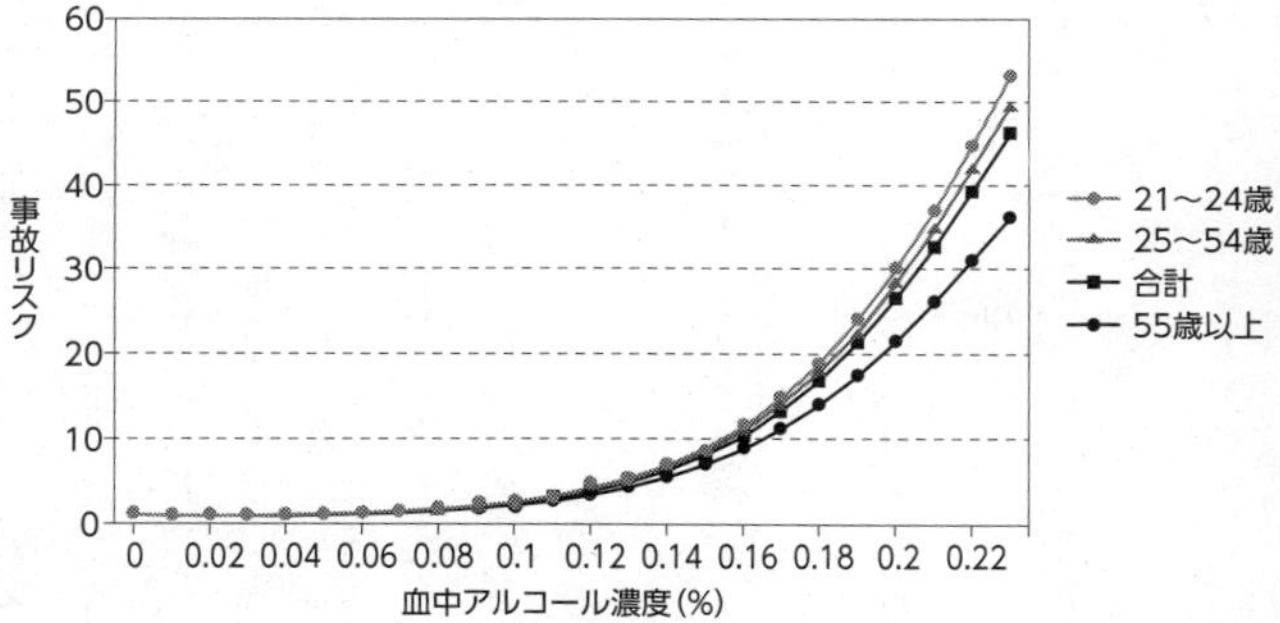

※事故リスクは同年代の非飲酒者に対する値

1996〜1998年にアメリカのカリフォルニアとフロリダの2地点での調査結果。血中アルコール濃度の上昇に対して、事故リスクは指数関数的に増加する（出典：J Safety Res. 2008;39:311-319.）

（純アルコール換算で20g）のお酒を飲んだときの血中アルコール濃度は約0・03（0・02〜0・04）%程度です。つまり、ビール中瓶1本を飲んだだけで『酒気帯び運転』の基準値を超える可能性が高いわけです」（樋口さん）

しかも、この基準値未満の場合でも運転への影響は始まっているという。

「個人差はありますが、アルコールの運転に対する影響は、極めて低い血中アルコール濃度から始まります。例えば、反応時間は0・02%、注意力は0・01%未満といった低濃度から、運転技能が障害を受けるといわれています。そして飲酒量が増えるほどその影響は大きくなるのです」（樋口さん）

つまり、血中アルコール濃度が、酒気帯びの基準より下回っている、軽く飲んだ程度でも、運転能力は確実に影響を受けるということ。当たり前だが、「ちょっと飲んだ程度だから運転してOK」なんてあり得ないのだ。

このようなアルコールの影響により、当然事故のリスクも増すことになる。アメリカで血中アルコール濃度と事故リスクの関係を調べたところ、血中アルコール濃度の上昇に従って事故リスクも上昇していることが明らかになっている。[*4]「交通事故のリスクは血中アルコール濃度の上昇とともに、ほぼ指数関数的に増加するのです」(樋口さん)。また、ニュージーランドでの研究でも、同様の傾向が確認されているという。

どれぐらいの時間でアルコールが抜けるのか

アルコールの運転に対する影響度合いを理解したところで、次に気になるのが、体からアルコールが抜けるまでに必要な時間だ。

「飲酒後、○時間以内の運転は禁止」などという指標があれば極めてシンプルなのだが、どうなのだろう。

「医学的な見地から言うと、体内におけるアルコールの分解速度は、**1時間に4g**と捉えてください。これは日本アルコール関連問題学会などの学会が飲酒運転を予防するために提示しているデータです」（樋口さん）

日本酒を例にとると、1合（アルコール20g）を分解するのに要する時間は5時間という計算になる。その2倍飲めば10時間といった具合に、時間とほぼ比例すると考えればいいそうだ。

「アルコールの代謝には男女差、個人差があります。久里浜医療センターでの実験結果では、男性の場合1時間に9g、女性で6・5g程度です。代謝が速い男性の場合は1時間に13gも分解できる人がいる一方で、1時間に3g程度という女性もいます。こうしたばらつきも配慮して、老若男女のさまざまな人に適用される基準として、1時間当たり4gが適切と判断したわけです」（樋口さん）

単純計算すると、3合飲んだら15時間、4合飲んだら20時間ということになる。つまり、飲み過ぎたら、翌日の運転は事実上ダメということだ。

「その通り、飲み過ぎたら翌日運転してはいけないことになります。厳しいと思われるかもしれませんが、そのくらいの感覚で運転に臨んでほしいということです。また、体内からアルコールが抜けた後、つまりゼロになった後も、運転技量に影響があるという報告もあります」（樋口さん）

確かに、私もそれを実感したことがある。飲酒した翌日、酒が抜けた午後になって運転しても、いつもより運転がイマイチになることがあると感じていた。ブレーキのタイミングが遅れたり、注意力が散漫でハッとしたりすることが何回かあった。それ以来、翌日に運転する前日は休肝日にするか、「一杯だけ」と決めて飲むようにしている。

睡眠中はアルコールの分解が遅くなる

アルコールの分解の速さに個人差があるのはよく知られている。樋口さんによると、「アルコールが体から消えるまでの速度を調べると、最も速い人と最も遅い人では4〜5倍程度の差があります」とのことだ。

なぜこのような差が生まれるのかというと、最も大きな要因は、肝臓の大きさや筋肉量と考えられている。

このほか、起きているときより**眠っているときのほうがアルコールが消失する速度が遅くなる**という。酒を飲んだ後、「仮眠すれば大丈夫」と思っている人は少なくないのではないだろうか。残念ながら、睡眠によってアルコールの分解は加速するのではなく、遅れてしまうのだ。

久里浜医療センターは札幌医科大学との共同研究で、飲酒後に睡眠をとると、アルコールの分解が遅れることを確認している。

20代の男女計24人を対象に、体重1kg当たり0・75gのアルコール（体重60kgの人でアルコール45g＝ビール約1Lに相当）を摂取し、4時間眠ったグループと4時間眠らずにいたグループの呼気中のアルコール濃度を調べたところ、眠ったグループの呼気中のアルコール濃度は眠らずにいたグループの約2倍となった。

こうした結果になった理由として、睡眠時にはアルコールを吸収する腸の働き、そしてアルコールを分解する肝臓の働きが弱まることが影響していると考えられるのだそうだ。

「飲酒後に『仮眠を取ったから大丈夫』と考えるのは危険です。飲酒後、十分な時間を取れないなら運転してはいけません」（樋口さん）

どうやら「寝たらアルコールが抜ける」と感じるのは、単に仮眠したことでスッキリしただけのようだ。

前日の酒量が多いほど、また飲み終わった時間が遅いほど、翌日の運転は危険をはらむ確率が高くなる。運転するなら、時間をしっかり確保した上で臨もう。

THE REGRETTABLE DRINKING

筋トレ後に酒を飲んではいけない理由

立命館大学教授
藤田　聡

筋肉の合成率が3割下がるという研究も

近年、健康のために「筋肉」が重要であることが、さまざまな研究から分かってきた。

年を取ると筋肉量が次第に減ってくる。何もしないでいると、足腰が弱くなり、将来の寝たきりにつながってしまう。なるべく自分の脚で歩いて健康でいるためには、特に下半身を鍛えて筋力をキープしなければならない。

また、筋肉量が減少すると、糖尿病や心疾患のリスクが上がることも分かってきた。病気の予防のためにも、筋トレをしたほうがいいというわけだ。

今は男女を問わず筋トレをする時代。筋肉が多いと基礎代謝が高くなり、太りにくい体になる。そのため、体形維持のためにスポーツクラブで筋トレに励む女性も増えているのだ。

新型コロナウイルス感染拡大防止のための外出自粛を機に、自宅で筋トレを始めた人も多い。多分に漏れず私もそのひとりで、軽量のダンベルや腹筋ローラーを買い込み、せっせと自宅で筋トレを行っていた。そのおかげが、なんとなーく、うっすらと腹部に縦線が入ってきたような気がする。

しかしである。毎日筋トレを行い、プロテインだって飲んでいるのに、思ったようには筋肉がつかない。同様のことを口にしているのが、私の周囲の酒飲みたちだ。

筋トレの方法が間違っているのか、それとも酒が影響しているのだろうか？　そういえば、酒飲みたちの多くが、トレーニング後のビールやハイボールを楽しみにしている。何なら私もそうだ。

立命館大学スポーツ健康科学部教授・藤田聡さんに筋トレの効果とアルコールの関係について聞いてみた。先生、筋トレの後に酒を飲むのはよくないのでしょうか？

「残念ながら、**筋トレ後にアルコールを飲むと、筋肉の合成に悪影響を及ぼします**。それを示す研究結果もあります。[*5] ちなみに筋トレ前に飲んでも、血中のアルコール濃

筋トレ後のアルコール摂取と筋たんぱくの合成率

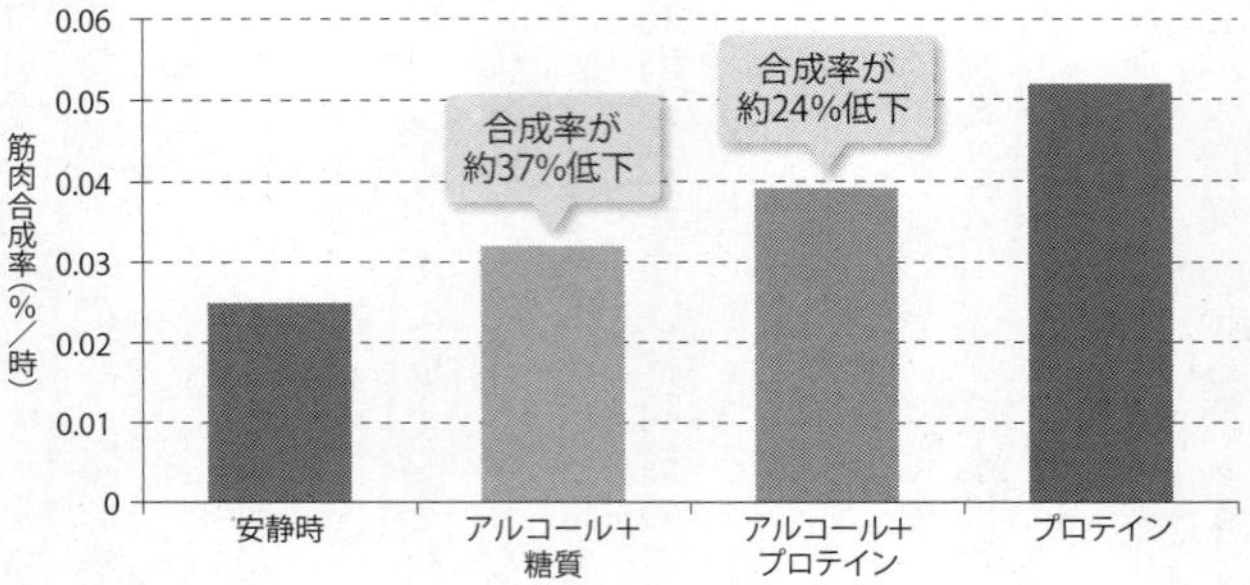

筋トレを行った後の2〜8時間の筋たんぱくの合成率を表したもの。オーストラリアのRMIT大学で、8人の運動習慣のある健常者（平均年齢21.4歳）を対象にした研究（出典：PLoS One. 2014 Feb 12;9(2):e88384.）

度は急激には下がらないので、結果はあまり変わらないですね」（藤田さん）

ショック……。運動後のビールやハイボールほどおいしいものはないが、こと筋トレとなるとアルコールとの相性が悪いのだ（涙）。

ではなぜ、筋トレ後にアルコールを飲むと、筋肉の合成に悪影響を及ぼすのだろうか。

「筋トレを行うと、筋肉を合成する生理作用が高まります。その際、筋肉の合成を高めるスイッチとなる**mTOR**《エムトール》という酵素が細胞内で働き、たんぱく質の合成が活性化されます。ｍＴＯＲを作用させるには、筋トレ以外に、たんぱく質を摂取して血中のアミノ酸の濃度が高まることが有効といわれています。ところが、筋トレ後にアルコールを飲んでしまうと、このｍＴＯＲの作用が抑制され、筋肉の合成率が３割程度も減るという研究があるのです」（藤田さん）

藤田さんが示してくれたその研究結果を見ると、一目瞭然だ。オーストラリアのＲＭＩＴ大学で行われた研究では、トレーニング後に、①プロテインのみ摂取、②アルコール＋プロテインを摂取、③アルコール＋糖質を摂取という３つのパターンを比較した。その結果、②のアルコール＋プロテインのパターンでは、プロテインのみ摂取した場合より、筋肉の合成率が24％減少し、③のアルコール＋糖質のパターンでは37％減少することが分かった。

汗水たらして一生懸命筋トレしても、その後にアルコールを飲んだら効果は激減ということか。そりゃ、いくら筋トレしてもカラダにキレが出ないはずである。

「筋トレ後のアルコールの影響は、女性に比べ男性のほうが大きいと考えられます。アルコールを飲むと、男性ホルモンの一種であるテストステロンの分泌が抑制されます。テストステロンは筋肉の合成と深い関わりがあるため、それゆえに男性のほうが筋肉の合成の落ち込みが大きいのではないかと考えられます」（藤田さん）

一瞬、「女性には影響が少ない」とぬか喜びしてしまったが、そうではなさそうだ。「だからといって、『女性は安心して飲んでいい』というわけではありません。女性でも、筋肉の合成にアルコールが悪影響を与えていると考えられますし、また長期的に毎日多くのアルコールを飲むことで健康に被害があることは変わりません。アルコールの影響を軽視しないようにしましょう」（藤田さん）

十分に時間をあけて少量の飲酒ならOK？

ところで、先ほどの研究で気になるのが、被験者が飲んだアルコールの量である。どのぐらいの量を飲むと、筋肉の合成にどれくらいの影響が出るのだろう？

「この研究では、体重1kg当たり1・5gのアルコール摂取と、かなり多めの量を飲んでいます。体重が80kgの被験者が120gのアルコールを摂取しているということになります。ウォッカ60mLを4杯なので、どう考えても日常的に飲む量とはいえませんよね」（藤田さん）

ということは、もっと少ない量であれば筋肉の合成に影響はあまりないのだろうか？　また、お酒の種類によって影響の大きさが変わったりしないのだろうか。

「現在、どれくらいの量なら問題ないか、というデータはありません。ただ、先ほど挙げた研究の結果から推測すると、**筋トレから十分に時間を空ければ、ビール**

（350mL）1～2缶くらいであれば影響が少ないのかなと思います」（藤田さん）

筋肉の合成が高まるのは筋トレの直後で、その後、合成率がだんだんと下がっていく。先ほどの研究も、2～8時間後の合成率について調べたものだ。そのため、十分に時間を空けて、少なめの量のアルコールを飲む分には、影響は少ないのではないか、というわけだ。

「それから、お酒の種類はあまり関係なく、トータルのアルコールの量が問題になります。ですので、ワインのように、食事とともにゆっくり飲めるお酒か、低アルコールのお酒を選ぶようにするといいと思います。血中のアルコール濃度が急に上がらないようにするのがポイントです」（藤田さん）

朝筋トレ、夜ビール1缶

明確なエビデンスはないにせよ、「十分に時間をあけて、350mLのビール1～2缶なら許容範囲」と考えると、筋トレラブの酒好きとしては、ちょっとホッとする。

ホッとしたところで、藤田さんに気になる質問をひとつ。先生ご自身は筋トレ後にお酒を飲むのでしょうか？

「来ましたね、その質問が（笑）。僕は朝トレーニングして、夜にほぼ毎晩ビールを1缶（350mL）飲んでいます。自宅ではこれ以上飲みません。先ほども言ったように、筋トレ後の筋肉の合成のピークが1～2時間後なので、十分に時間をあけるとなると、夜にお酒を飲むのであれば朝に筋トレを行うのが効率的ではないかと思います」（藤田さん）

朝筋トレ！　これは良さそうだ。オンライン取材で、パソコンの画面越しでも分かる引き締まった藤田さんの姿を見ると、説得力大である。

夜にビール1缶を飲むとのことだが、ほかに飲み方で気をつけていることはあるのだろうか。

「注意しているのは空腹で飲まないということです。体内におけるアルコールの吸収を緩やかにし、血中アルコール濃度を急激に上げないようにするためです」（藤田さん）

血中アルコール濃度が急激に上がってしまうと、悪酔いしたり、たがが外れて、つい飲み過ぎたりしてしまう。それで翌日、二日酔いになってしまったら、朝の筋トレにも影響を及ぼすかもしれない。

早速、私も朝筋トレを実践したい。ただひとつ気になるのが、1日のうち筋トレに適した時間帯というのはないのだろうか。例えば、朝より夕方に行ったほうが効果が大きいなら、迷うところだ。
「筋肉合成という観点からは、筋トレを行う時間帯による差は少ないと考えられます。ただ、血圧が高い人は、朝から激しい筋トレを行うと血圧が上がり過ぎて、脳心血管系の疾患のリスクが上がるかもしれないので注意が必要です」（藤田さん）
そのほかの筋トレのコツについても聞いてみた。
「大切なのは、継続する、習慣化するということ。私の場合、トレーニングは毎朝30分で、筋トレとジョギングを15分ずつです。筋トレは、部位を日によって『今日は下半身』『今日は上半身』のように変えれば、飽きずにできます。筋トレは、やり方によっては週2～3回でも効果は出せますが、『明日にすればいいや』などと言い訳して先送りしそうなので、毎日することにしています」（藤田さん）
何より大事なのは「継続」。筋トレの効果がイマイチという方は、酒量と筋トレの時間を見直すと同時に、飲みを優先してサボっていないかを振り返ってみよう。

なぜ酔っぱらっても家に帰れるのか

酔っぱらって記憶をなくした経験がある人は多いだろう。

翌朝、「二次会の店でお金を支払っただろうか？」と振り返って不安になり、一緒に飲んでいた人に聞いてみると、「お金を払っていたし、普通に会話もしていたよ」と言われ、胸をなで下ろしたことは、私も一度や二度ではない。

だが、どんな会話をしたか覚えていなくとも、家にはちゃんとたどり着けるのはなぜだろう。また、酔っぱらい特有のさまざまな奇行は、何が原因なのだろうか。

脳には、有害な物質をブロックする「血液脳関門」がある。アルコールはこの関門をやすやすと通過し、脳の機能を一時的に麻痺させるため、さまざまなおかしな行動を引き起こすのだ。

しらふのときは、脳の前頭葉によって人の理性的な行動が保たれている。しかし、ほろ酔いになってくると、前頭葉のコントロール機能が低下し、普段は言わないような悪口や秘密、自慢話を言うようになるのだという。

さらに酔いが進み、小脳が麻痺してくると、千鳥足になる、呂律《ろれつ》がまわらなくなる、スマホを操作するなど指先を使った細かい動作ができなくなってくる。小脳は平衡感覚、細かい動き、知覚情報などを司る部位であり、ここの機能が低下してくると、一見して誰もが酔っぱらいと認識できる状態になる。

そして、脳の海馬に影響が出ると、記憶をなくしたり、同じことを何度も話したりするようになる。海馬は短期記憶を残し、それを長期記憶に変えるという役割があるため、海馬の機能が低下すると、新たなことを覚えられなくなり、何度も同じ話をしたり、お金を払ったことを忘れてしまったりするのである。

だが、そんな状態でも、自宅にちゃんと帰ることができるのは、長期記憶のおかげなのだ。長期記憶は、脳に長く留まる記憶のこと。帰宅するまでの道のりは、毎日同じ道を繰り返し通ることで、長期記憶として固定化されているので、酔っていても容易に取り出すことができる。ほとんど意識がない状態でも家に帰ることができるのはそのためだ。

旅先や出張先などで酔いつぶれてしまうと宿泊先に戻れなくなるのも、その経路が長期記憶として定着していないためなのだ。

第3章

がんのリスクは酒でどれぐらい上がるか

RISK OF CANCER

RISK OF CANCER

1日1合飲むとがんのリスクはどれほどか

産業医科大学教授
財津將嘉

「ほどほど」に飲んでもがんのリスクは上がる

日本人の死因の第1位である「がん」。がんにかかりたくないのは誰もが同じだ。そのためにはどんな飲酒が望ましいのだろうか。

飲み過ぎればがんのリスクが上がるのは容易に想像できる。大量のアルコールを分解するために肝臓が酷使されるので、肝臓がんのリスクも上がるのだろう。そのほか、食道がんや大腸がん、乳がんなどのリスクも飲酒で上がるという話は聞いたことがある。

だがもっと気になるのは、「ほどほど」の飲酒でがんのリスクは上がるのか、ということだ。近年、少量の飲酒でも体に悪いと指摘されるようになった。であれば、「適量」とされる飲酒を続けた場合でも、がんのリスクは上がるのであろうか。もし上がるのであれば、それはどれぐらいなのか？

2019年12月、東京大学から、日本人を対象とした「低～中等度の飲酒のがんへの影響」を評価した論文が発表された。[*1] そこで、論文の発表者の1人である産業医科大学教授の財津將嘉さん（論文発表時は東京大学大学院医学系研究科公衆衛生学助教）に話を聞いた。

先生、そもそもなぜこういった研究に取り組まれたのですか。

「2018年に発表された『Lancet』の論文[*2]などにより、少量飲酒の危険性が示唆されるようになりました。Lancetの研究の対象者は195カ国（および地域）にも及びます。人種により体質が異なるのはもちろん、医療環境など社会的背景も異なります。そこで『体質や社会的背景が近い日本人を対象としたら少量飲酒のリスクはどうなるのだろう？』というところから私たちの研究はスタートしました」（財津さん）

なるほど。同じ人間であっても、外国人と日本人では体質が異なる。日本人は欧米人に比べてアルコールの分解能力が低い人が多いことはよく知られている。そして、日本人の最大の死因であるがんのリスクがどれぐらい少量の飲酒で上がるのかについては、酒飲みに限らず誰もが気になるところだ。

財津さんたちは、全国33カ所の労災病院の入院患者病職歴データベースを用いて、「新規がん患者」の6万3232症例と「がんに罹患していない患者」の6万3232症例を比較することで、低~中等度の飲酒とがん罹患リスクを推計するという「症例対照研究」を実施した。ここでは、年齢、性別、診断年、診断病院などをそろえて比較している。

対象者の平均年齢は69歳で、男性は65%、女性は35%。病院に入院する際に、1日の平均酒量やこれまでの飲酒期間（年数）も調査している。「この飲酒期間を分析の対象に加えているところが、この論文のポイントの1つです」と財津さん。

確かに、「飲酒期間」という要素があると、「いつも飲んでいる量を、このままずっと続けていったらどうなるか」も見えてくる。これは酒飲みにとって、かなり気になるところだ。

この研究においては、純アルコールにして23g（日本酒1合相当）を1単位として、1日の平均飲酒量（単位）に飲酒期間（年数）をかけたものを飲酒指数（drink-year）と定義している。

例えば、1日当たり日本酒1合の飲酒を10年間続けたら「10drink-year」ということになる。1日当たり2合の飲酒を10年間続けたら「20drink-year」だし、またそれを20年間続けたら「40drink-year」というわけだ。

リスクの上昇は一見少ないように思えるが…

さて、いよいよ本題。研究結果について聞いていこう。少量の飲酒におけるがんのリスクはどのくらいなのだろうか。

「日本人を調査対象にした本研究において、少量から中等度の飲酒でも、がんのリスクは上昇するということが明確になりました。飲酒しなかった人が最もがん罹患のリスクが低く、飲酒した人のがん全体の罹患リスクは、低~中等度の飲酒において飲酒量が増えるにつれ上昇しました」(財津さん)

そして、1日純アルコールにして23gの飲酒を10年間続けることで(10drink-year)、酒をまったく飲まない人に対し、何らかのがんにかかるリスクは**1・05倍**上がるという結果になったという。

10年で1・05倍……。

1日純アルコール23gというと、厚生労働省が定める「適量」である1日20gにかなり近い。つまり、健康を損ねないよう「ほどほど」に飲んでいても、何らかのがんにかかるリスクは確実に上がるというわけだ。

しかし、この1・05倍という数値はどう判断すればいいのだろうか。

1・05倍とは、5％リスクが高くなるということ。リスクが上がるのは確かとはいえ、数字だけ見るとそんなに大きなリスクとも言えないような気もする。「思ったより低い」と感じる人もいるのではないだろうか。

「確かに、数値だけ見ると、その程度かと思われるかもしれません。しかし、この研究で導かれた1・05倍という結果は『1日純アルコールにして23ｇを10年間続けること』から算出されています。飲む量が2倍、3倍と増えていけば、10年よりも短い年数でがんのリスクが上昇するということになります。また、これは10年間飲み続けたケースの値ですから、20年、30年と飲み続ければ、その分リスクは上がります。決して軽視できる数値ではありません」（財津さん）

酒量が増えたり、飲酒期間が長くなったりして累積飲酒量（drink-year）が大きくなると、グラフのようにリスクは大きくなっていく。

例えば、50歳前後の人が、20歳くらいから飲み始めている場合、飲酒期間は30年になる。そして1日当たり日本酒で2合を飲んでいたら（＝2単位）、60drink-yearという

累積飲酒量とがん全体の罹患リスクの関係

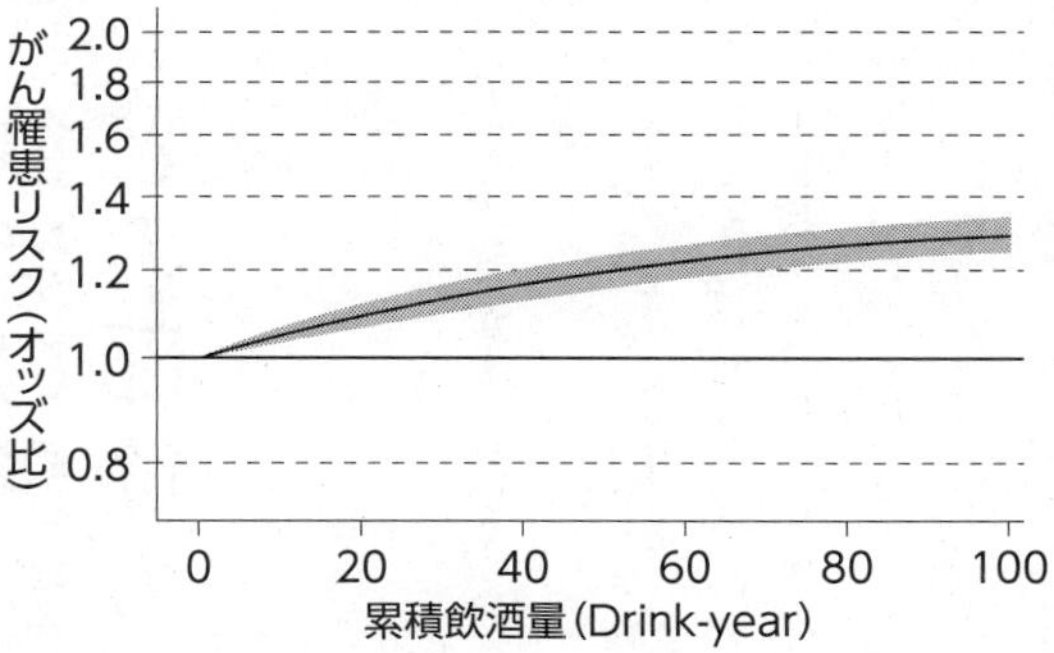

横軸は1日の平均飲酒量（純アルコールで23gが1単位）に飲酒期間（年数）をかけたもの。縦軸は飲酒をしない人と比較した何らかのがんにかかるリスク（出典：Cancer. 2020; 126(5):1031-40.）

ことになり、がんの罹患リスクは1・2倍（＝20％増）程度になることが分かる。

30年間の飲酒生活で2割もがんのリスクが上がってしまうのだから、財津さんが言う通り、これは決して無視していいものではない。

ちりも積もれば山となる。酒もまた、少量でも日々重ねていけば、がんのリスクは確実に上がっていくのである。

RISK OF CANCER

飲酒の影響を受けやすいのはどの部位のがん?

産業医科大学教授
財津將嘉

リスク上昇が大きいのは「酒の通り道」

今や日本人の2人に1人が「**がん**」にかかる時代になっている。私たちが日々楽しんでいる酒もがんのリスクを高める要因のひとつだ。

2019年末に東京大学で発表された論文[*1]では、日本人において少量の飲酒でもがんのリスクになると報告されている。この論文の発表者の1人である、産業医科大学教授の財津將嘉さんによると、1日当たり日本酒1合（純アルコールにして23g）の飲酒を10年間続けることで（10drink-year）、お酒をまったく飲まない人に対し、何らかのがんにかかるリスクは1・05倍上がるという。

1・05倍というと、リスクがそんなに増えないように思えるかもしれないが、これは1合相当のお酒を10年間飲み続けたケースでの値であり、20年、30年と飲み続ければリスクは上がっていく。例えば、1日2合相当のお酒を30年飲み続ければ、そのリスクは1・2倍以上になるのだから、決して無視できる数値ではない。

さらに、一口にがんといっても、肺がん、胃がん、肝臓がんなど、さまざまな部位のがんがあることも忘れてはならない。飲酒により影響を受けやすい部位と、受けにくい部位があるだろうことは素人でも想像できる。果たしてどの部位のがんのリスクが高くなるのか、再び財津さんに聞いてみよう。

先生、部位別で見るとリスクが高いのはどのあたりのがんなのでしょうか。

「最もリスクが高かったのは『**食道がん**』で、そのリスクは1・45倍になりました（10drink-yearの場合）。また、『**口唇、口腔及び咽頭がん**』も1・10倍という結果が出ています（咽頭は口腔と食道の間にある器官）。飲酒によってがんのリスクが上がるのは、食道より上部の器官、つまり『お酒の通り道』になるところだと昔から言われていますが、今回の結果でもその傾向が見られました」（財津さん）

なお、気管と咽頭をつなぐ器官である「**喉頭**」のリスクも1・22倍と高い。

念のため補足しておくが、これらのリスクはいずれも、1日当たり日本酒1合（純

各部位のがんの罹患リスク（10drink-yearの場合）

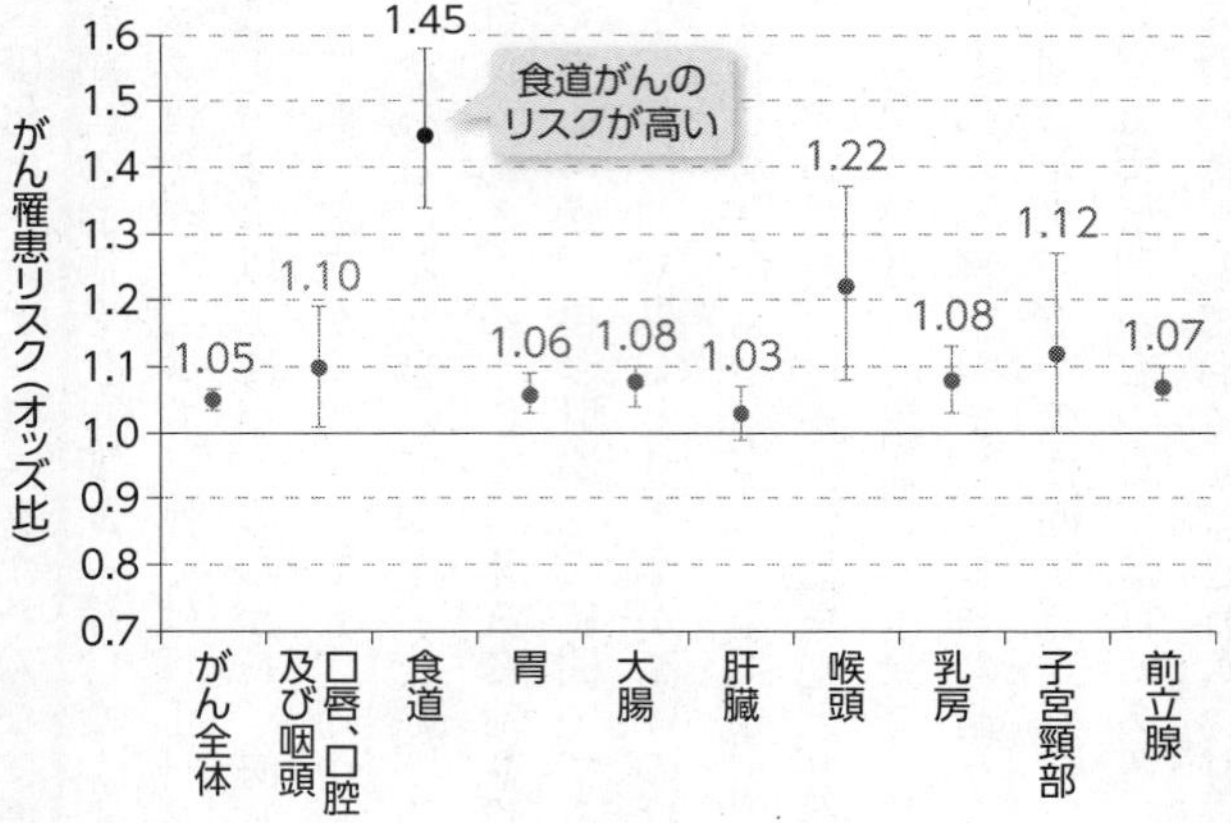

縦軸は、飲酒をしない人と比較したがんにかかるリスク（オッズ比）。1日アルコール1単位（日本酒1合相当）の飲酒を10年間続けた時点（10drink-year）でのリスク（出典：Cancer. 2020;126(5):1031-1040.）

アルコールにして23g）相当の飲酒を10年間続けた時点（10drink-year）におけるデータである。飲酒期間がより長くなり、飲酒量が多くなれば、ほとんどの部位でがんのリスクは着実に上昇する。最も顕著な食道がんの場合は、1日1合の飲酒を10年間（10drink-year）で1・45倍だったリスクが、1日2合で30年間（60drink-year）なら4倍を超える。

なるほど、酒を口から飲んで胃に至るまでのルートで飲酒による影響が大きくなる。特に顕著なのが食道がんというわけだ。

食道がんについては、ヘビー

ドランカーの知人が食道がんで亡くなっているだけに大いに気になる。食道がんと飲酒の関係については、40～69歳男性約4万5000人を対象にした国内の多目的コホート研究からも、飲酒習慣がある人は、飲まない人に比べて食道がんのリスクが高いことが明らかになっていた。*3

また、**胃がん**(1・06倍)、**大腸がん**(1・08倍)なども、がん全体と比べてリスクが若干高くなっている。女性の私としては、**乳がん**のリスクが1・08倍であるのも気になるところだ。このほか、**子宮頸がん**(1・12倍)、**前立腺がん**(1・07倍)などもリスクは高めとなっている。

「酒の総量」が問題であって「種類」はあまり関係ない

少量の飲酒であっても、がんの罹患リスクが上がることが明らかなのは分かった。だがせめて、がんのリスクができるだけ上がらないような酒の飲み方はないのだろうか。

先生、がんの罹患リスクをできるだけ上げないために、例えば醸造酒や蒸留酒といった酒の種類を変えるといったことで対策にならないのでしょうか。

そう尋ねると財津さんは、「最も着目すべきポイントは『**お酒の総量**』。お酒の種類うんぬんより酒量です」と言い切る。

「アルコールそのものに発がん性があり、さらにアルコールの代謝副産物であるアセトアルデヒドもがんの原因となることが分かっています。私たち日本人は遺伝的にアセトアルデヒドの分解能力が低い人が一定数おり、少量でも影響を受けやすいのです。このことから、飲み始めた年数から今に至るまでどれだけアルコールを飲み、そのリスクにどれだけさらされてきたかが重要となるのです」（財津さん）

薄々想像していたこととはいえ、結局のところ、お酒の量を減らす、それに尽きるということだ。ガックリ肩を落とす私に財津さんは優しくこうフォローしてくれた。

「本研究では『お酒は少量でもがんのリスクになる。飲まないに越したことはない』と結論づけましたが、実際のところ、お酒好きの人がお酒を完全にやめることは、なかなかできませんよね。しかし、この研究結果を知っているのと、知らないのとではお酒に対する意識が違ってくるのではないでしょうか。1日1合程度という『適量』を目標に、飲む量は減らしたほうがいい。総量に留意し、今飲んでいる量より少しでも減らすことを目標にしてください」（財津さん）

財津さんによると「お酒を飲む習慣を見直してほしい」という。確かに、酒好きの多くは、さして飲みたくもないのに、飲むことが「クセ」になっている人が多い。夕方になったら当たり前のようにカシュッとビールのプルトップを開ける、風呂あがりに水代わりにチューハイを飲む、仕事帰りにコンビニに寄って酒を買ってしまう……。

「まずはこうした『飲むクセ』を変えていくといいですね。最初は週に1日でいいので、休肝日を作ってみましょう。そして『一生で飲むお酒の量は決まっている』と考えてみてください。休肝日で『飲まない日貯金』をして、『飲酒寿命』を延ばすことを考えてみるのです」と財津さんは提案する。

もちろん、休肝日の翌日に倍の量を飲んでしまっては、元の木阿弥である。

「お酒をストレス発散の道具にしたり、睡眠導入剤の代わりに寝酒にしたりするのも避けてください」と財津さん。ほかにも、財津さん自身が気をつけていることを聞くと、「お酒と一緒に水を飲むと、血中アルコール濃度の急激な上昇を抑制し、アルコールによる脱水を防ぐのにも役立つのでお勧めです。一気飲みせずにゆっくり飲む、酒だけを飲まずに食べ物も一緒にとる、といったこともお勧めです」とのことだ。

RISK OF CANCER

なぜ酒は大腸がんのリスクを上げるのか

神戸学院大学准教授
大平英夫

アルコールは大腸に到達しないはずだが…

1日当たり日本酒1合程度の飲酒でもがんの罹患リスクは上がる。

2019年末に東京大学で発表された論文[*1]では、日本人において少量の飲酒でもがんのリスクが上がる可能性が報告されている。

部位別に見ると、特にリスクが高いのは「食道がん」、「口唇、口腔及び咽頭がん」、「喉頭がん」など、酒の通り道になるところだ。

それ以外にも気になる部位がある。「**大腸がん**」だ。

実は、最新の統計だと、新たにがんと診断される人の数である「罹患数」を見た場合、大腸がんは男女合わせて1位に躍り出ている。また、大腸がんで亡くなる人も増加している。その数は年間5万人を超え、大腸がんの死亡数は男女合わせて2位に上がってきた。[*4]

飲酒によってリスクが上がるのだから、大腸がんは酒好きが注意しなければならないがんだということになる。そこで、大腸に詳しい神戸学院大学栄養学部准教授の大平英夫さんに聞いてみた。

先生、そもそもなぜ酒が大腸がんの原因になるのでしょうか。

「アルコールが大腸がんを引き起こすメカニズムは、まだ正確には分かっていません。というのも、**アルコールは胃と小腸で吸収され、大腸まではほとんど到達しません**。それなのに、アルコールが大腸がんのリスクを上げるというのは、不思議ではありませんか?」(大平さん)

確かにそうだ。酒を飲むと、アルコールの5%程度が胃で吸収され、残りの95%程度が小腸で吸収される。それならなぜ、大腸がんの原因になるのだろうか。

「実験データを見ると、アルコールは体内で代謝されるまで、血液を介して全身を巡っていることが分かります。つまり、毛細血管というルートを通じて大腸にもアルコールが到達しているのです。飲酒により大腸がんリスクが高くなるのは、こうした

ことも原因になっているのではないかと考えられます」（大平さん）

なるほど。それならば、乳がんなどのリスクが上がることも説明できる。

「アルコールは最終的に、肝臓や筋肉などで代謝されますが、その過程で**『酸化ストレス』**が生まれます。われわれの研究グループが行ったマウスにおける実験結果を見ると、アルコールの量が増えるほど、しかもそれが長期になるほど、この酸化ストレスが腸に悪影響を与えていることが分かります。[*5] 過剰なアルコールの長期にわたる摂取によって、酸化ストレスが継続的にかかることで、腸内環境のバランスが崩れるという説が成り立つのです」（大平さん）

酒を飲み過ぎると腸内環境が大幅に変化

酸化ストレスは、がんにつながるだけでなく、体内で老化の進行を早め、アルツハイマー型認知症にも関わるのではないかと考えられており、何かとやっかいなものだ。

飲酒による酸化ストレスが腸内環境に影響を与えていることを示す実験について、もうひとつ教えてもらった。

「私と共同研究をしている東北大学の中山亨教授のグループは、アルコール依存症の方の便を調べてみました。[*6] すると、アルコール依存症の方の腸内環境では、ルミノコッカスやビフィズス菌といった偏性嫌気性菌（酸素に触れると死ぬ菌で、人の腸に存在する菌の99％以上に当たる）が、健康な方に比べて明らかに少ないことが分かりました。つまり、長期にわたり過剰な飲酒が続くことで、腸内細菌のバランスが大きく変わってしまったわけです」（大平さん）

アルコール由来の酸化ストレスによって、偏性嫌気性菌がやられることも想像できる。そして、腸内細菌のバランスと言えば、メタボリックシンドロームや生活習慣病、認知症にも関係してくるのではないかと最近の研究で分かってきている。アルコール依存症とまではいかなくても、長期にわたって飲み過ぎている場合、腸内細菌に悪影響がある可能性も少なくないだろう。

腸内環境のためには、飲み過ぎないことはもちろん、食事については、「伝統的な日本食がお勧めです。玄米、野菜、キノコ類、果物などをバランスよくとり、肉より魚を選ぶ。おつまみであれば、わかめの酢の物や豆腐、枝豆などもいいですよね。脂肪分の多い食事は避けましょう」と大平さん。ぜひ実践したい。

RISK OF CANCER

16万人データから判明した日本人の乳がんリスク

愛知県がんセンター
松尾恵太郎

日本人女性も飲酒で乳がんリスクが上がる

先日、会社の健康診断で乳がん検診を受けた際、「再検査」となった。何でも腫瘍らしきものが両胸にあり、両脇のリンパまで腫れているという。

結局、異常はなくホッとしたものの、乳がん検診は毎回緊張する。というのも、**飲酒は乳がんのリスクを上げる**といわれているからだ。

しかし、これまでは飲酒と乳がんの関係を示す研究は、欧米の女性を対象にしたものが多かった。欧米の女性と、日本をはじめとするアジアの女性とでは、飲酒の習慣も体質も異なる。

そこに、愛知県がんセンターなどが、日本人女性約16万人を対象にした大規模研究の解析結果を公表した。*7 それによると、日本人女性の乳がんのリスク上昇に、閉経前の飲酒頻度や1日当たりの飲酒量が関係することが分かったという。

これは、ただごとではない。詳しく話を聞かねば。というわけで、愛知県がんセンターのがん予防研究分野分野長の松尾恵太郎さんに話を聞いた。

先生、日本人女性約16万人を対象としたこの研究には、どういった背景があるのでしょうか？

「これまで日本人も含むアジア人を対象にした乳がんと飲酒の関係についての研究は、十分とはいえませんでした。そこで、愛知県がんセンター、国立がん研究センター多目的コホート研究、文部科学省のＪＡＣＣスタディなどをはじめとする、8つのコホート研究をまとめ、分析を行いました。その際、ＢＭＩ（体格指数。体重（kg）÷｛身長（m）×身長（m）｝で求められる）、初経年齢、女性ホルモン剤の使用の有無、出産の有無などの条件を補正した上で、閉経前と閉経後のグループに分け、乳がんと飲酒頻度、飲酒量の関係性を調査しました」（松尾さん）

コホート研究とは分析疫学における手法の1つで、特定の要因を持つ集団と、持たない集団を一定期間にわたって追跡し、両群の病気の罹患率を比較することで、病気の原因などを調べるものだ。

1日の飲酒量については、純アルコール換算で、「まったく飲まない（0g）」、「11・5g未満」、「11・5g～23g未満」、「23g以上」。また飲酒頻度においては、「現在は飲まない（過去に飲酒経験ありも含む）」、「週1日以下」、「週1日以上4日以下」、「週5日以上」とそれぞれ4つの群に分けて調査した。

果たしてその結果は……？

「約16万人を平均14年間かけて調査した結果、2208人の方が乳がんに罹患していました。2208人のうち閉経前の方が235人、1934人が閉経後です。分析でまず明らかになったのは、閉経前の女性においては、飲酒頻度が高くなるほど乳がんの罹患率が上がるということです。そのリスクは、まったく飲まない人に比べ、**週5日以上飲む人で1・37倍**でした。また飲酒量についても、**1日に23g以上飲む人は1・74倍**と高い数字が出ました」（松尾さん）

このように、閉経前の日本人女性においては、飲酒頻度が高くなるほど、また飲酒量が多くなるほど、乳がんの罹患リスクが上がることが明らかになった。それでは、閉経後はどうだろう。

「一方、閉経後における乳がんと飲酒の関係を同じ条件で見てみると、週5日以上飲む人で1・11倍、1日に23g以上飲む人で1・18倍と目立った上昇がなく、統計的に有意な関係は認められませんでした」(松尾さん)

飲酒でエストロゲンが増える仕組みは分かっていない

純アルコール換算で23gといえば、日本酒だとほぼ1合……。酒豪であれば「食前酒」レベルともいえる量である。この量でも、毎日飲んでいれば、乳がんリスクが1・74倍になるのだ(閉経前の場合)。

休肝日は週2日程度で十分と(勝手に)思っていたが、「もう少し休肝日を増やしたほうがいいのかな……」と不安になってきた。

さて、ここで気になるのは、そもそもなぜ飲酒が乳がんのリスクを上げるのか、ということだ。

「飲酒によって主な女性ホルモンである**エストロゲン**の量が増えることが分かっています。乳がんとエストロゲンは密接な関係にあり、エストロゲンにさらされる期間が長ければ長いほど、そしてエストロゲンの量が多ければ多いほど、乳がんの罹患率が上がるといわれています。エストロゲンが乳がん細胞の中にあるエストロゲン受容体

と結びつき、がん細胞の増殖を促すからです」（松尾さん）

飲酒でエストロゲンの量が増える仕組みについては、はっきりとしたことは分かっていない。ただ、エストロゲンを合成するアロマターゼという酵素がアルコールにより活性化されることが知られており、飲酒によりアロマターゼが活性化されることでエストロゲンの産生量が増えると考えられるという。

まさかエストロゲンが飲酒で増えるとは驚いた。「エストロゲンが増える」という部分だけを切り取ると、美肌や美髪など美容面ではメリットがあると思ってしまうが、乳がんのことを考えると素直に喜ぶことができない。

また松尾さんによると、日本で乳がんの罹患率が昔に比べて上がっているのは「初経年齢が下がったことと、女性の社会進出に伴い子どもを持たない方が増えているという社会的背景も関係している」という。

初経年齢が下がれば、それだけエストロゲンにさらされる期間が長くなる。また、出産後はしばらくエストロゲンの分泌が抑えられるので、出産の回数が多いほど乳がんのリスクは下がるという。

一方で気になるのは、閉経後では飲酒と乳がんのリスクに有意な関係が見られなかったことだ。これはなぜだろうか？

「日本人女性における閉経後の飲酒と乳がんの罹患リスクとに有意な関係が見られなかった理由のひとつに『**肥満の割合**』があります。閉経後、エストロゲンは卵巣ではなく、主に**皮下脂肪**で作られます。欧米人に比べ肥満の割合が少ない日本人の場合、皮下脂肪で作られるエストロゲンがもともと少ないため、飲酒によってエストロゲンが増加する量も少ないため、乳がんへの影響が抑えられたと考えられます」（松尾さん）

中年以降はシワが目立たないから少しぽっちゃりくらいがいい、と都合のいい言い訳をしてきたが、やはり何事にも限度がある。松尾さんによると、「肥満度を表す数値として用いられるＢＭＩが、25以上になると乳がんの罹患リスクが上がる」とのこと。

今回の研究結果を見て、将来の乳がんリスクのためにも、飲酒量や飲酒頻度に加え、体重のコントロールも考えたほうが良さそうだ、と痛感した。

RISK OF CANCER

乳がんリスクを下げる飲み方・つまみ

愛知県がんセンター
松尾恵太郎

乳がんは比較的若いうちからかかるがん

閉経前の女性は、飲酒頻度や飲酒量が増えるほど、乳がんの罹患リスクが上がる――。愛知県がんセンターなどが公表した、日本人女性約16万人を対象にした大規模研究の解析結果で分かったことだ。

愛知県がんセンターのがん予防研究分野分野長の松尾恵太郎さんは、「一般にがんというと、高齢になると罹患率が高くなるものが多いですが、**乳がんは比較的若いうちから罹患率が上がる**がんだといえます」と話す。

全国がん登録罹患データによると、乳がんの年齢階級別罹患率（2018年）は、グ

乳がん年齢階級別罹患率（2018 年）

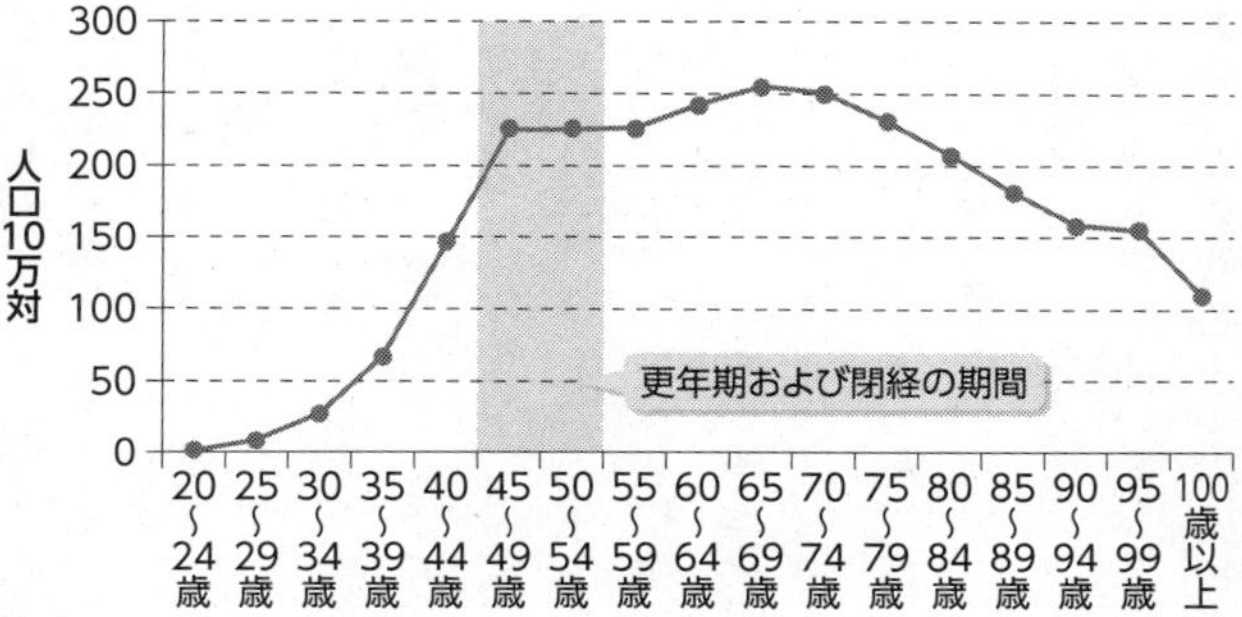

（出典：全国がん登録罹患データ）

ラフのようになっている。*8

日本では、平均で50歳過ぎに閉経する人が多く、その前後合わせて10年、つまり45～55歳ぐらいが更年期に当たるといわれている。しかしこの乳がん罹患率のグラフを見ると、閉経前の40歳以降からグッと数が上昇していることが分かる。

やはり女性特有の乳がんは怖いし、できることなら罹患したくない。しかし酒好きとしては、この結果を踏まえてもなお、酒を完全にやめることはできない。そこで「乳がんの予防」という観点から、酒の飲み方について聞いてみた。

「私もお酒が好きな人の気持ちが分かるので、『お酒をやめなさい』とは言いません。閉経前の女性の場合、いずれもまったくお酒を飲まない人に比べ、週5日以上飲む人は乳がんの罹患リスクが1・37倍に上がり、飲酒量については1日に23g（純アルコール換算）以上飲む人のリスクが1・74倍になる、という結果になりました。これを踏まえ、『お酒は乳がんのリスクになる』ということを意識して飲むことが大切です」（松尾さん）

具体的にどのように意識するのかというと、「量、または頻度のどちらか妥協できるほうを選択し、セルフコントロールしましょう」と松尾さん。

量に関しては、「1日23g以上飲む人のリスクが1・74倍」なので、これより少なく抑えるのが目安になる。厚生労働省の「飲酒のガイドライン」によると、節度ある適度な飲酒は「1日平均20g程度」であり、女性はその2分の1か3分の2が適当であるとされている。*9 いや、もっと飲みたいぞ、という方は、頻度のほうを妥協しよう。ただその週の中で休肝日を設ければ、1日20gを超えてしまうときがあってもいい。ただその場合でも、週に150g程度に収めるのが望ましいと考えられる。

私はこの取材を機に、自分が飲む量をなるべく正確に把握するようになった。日本酒は、1合きっちり入るカップを使って飲む。目分量だと酔った勢いも手伝って「あともう少し飲んでもいいか」とつい甘えが出てしまうが、この方法だと飲み過ぎを防ぐことができる。ビールの場合は1日にロング缶1本とした。

頻度に関しては、試験的に「外飲みはしてもいい」というマイルールを作って、休肝日を「週5日」にしている。その代わり、ウイークデーはノンアルコールビールを飲むことにした。最初は物足りないと感じたが、3日目を過ぎたらちょっと慣れてきた。

週末も、最初にノンアルコールビールでのどを潤してから酒を飲むようにすると、飲み過ぎることがないと気づいた。週末2日間の酒量のトータルは日本酒に換算して4合瓶1本。1週間で考えれば、「適量」と言ってもいいのではないだろうか。

「大豆」に乳がんリスクを下げる効果が！

酒量や飲む頻度を意識した上で、次に知りたいのは酒と一緒に食べるおつまみである。「乳がんのリスクを下げる」というエビデンスがある食べ物はないものだろうか？

「あります。それは大豆です。国立がん研究センターの『がんのリスク・予防要因評価一覧』にもあるように、大豆は現在、食品の中で唯一『（リスクを下げる）可能性あり』という評価が出ています*10」（松尾さん）

大豆といえば枝豆、納豆、豆腐、厚揚げ、大豆もやしなどなど、酒のアテ（つまみ）

にぴったりな食品ばかり。しかも低カロリーで高たんぱくなので、肥満予防にもなるのではないかと期待したい食品だ。

しかし大豆と聞くと、気になるのは大豆に含まれているポリフェノールの一種、**イソフラボン**である。イソフラボンは、主な女性ホルモンであるエストロゲンと似た作用を持つことで知られている。一方、乳がんについては、「エストロゲンにさらされる期間が長ければ長いほど、そしてエストロゲンの量が多ければ多いほど、乳がんの罹患率が上がる」と聞く。イソフラボンによるリスクはないのだろうか？

「エストロゲンと似た作用があるイソフラボンは、その化学構造もまたエストロゲンとよく似ています。イソフラボンは体内に存在するホルモンの受け皿である『女性ホルモンレセプター』に結合することで、エストロゲンがそれに結合するのを阻止します。これによってエストロゲンの働きを抑え、乳がんの発生や進行を遅らせると考えられているのです。イソフラボンを含んだ食品は、特に女性ホルモンの分泌が乱高下する閉経前の女性に積極的にとってほしいですね」（松尾さん）

おお、これはまさに酒好きの女性にとっての救世主！　イソフラボンといえば、サプリメントも出ているので、これを活用する手もありそうだ。どうでしょう、先生。

「サプリメントはあくまで補助と考えてください。サプリをとることを否定はしませんが、体にいいからといってたくさんとればいいということではありません。食品からならとり過ぎることはあまりありませんが、サプリだととり過ぎる可能性がありようす。お酒同様、適量を意識しましょう」（松尾さん）

なるほど、いくら体にいいとはいえ、「多ければいい」ということではないのだ。

ちなみに、最近は大豆イソフラボンに含まれるダイゼインという成分が腸内細菌によって代謝されて生み出される「エクオール」のサプリメントもある。これについても、イソフラボンのサプリ同様、「補助的なものとして考えたほうがいい」と松尾さん。大豆を使った食品がなかなかとれないときなど、ライフスタイルに合わせ、うまく活用したい。

ところで、つまみといえば、枝豆と並んで手軽な「チーズ」も定番だが、一部の週刊誌やネット記事において、「チーズなどの乳製品は乳がんの罹患リスクを上げる」という情報を目にすることがある。実際にはどうなのだろう？

「先に挙げた国立がん研究センターの『がんのリスク・予防要因　評価一覧』を見ると、牛乳・乳製品は『データ不十分』という評価になっています。日本人が年間にとる乳製品の量は欧米に比べるとかなり少ないので、このような評価になっていると思われますが、たまにおつまみとしてチーズを1～2片食べるくらいなら、そこまで神

経質にならなくて大丈夫です」（松尾さん）

閉経後は「肥満」にも注意

もうひとつつまみで注意したいのは、**肥満**にならないようにすることだ。肥満は閉経前の女性にとって乳がんのリスクを上げる「可能性あり（BMI30以上）」で、閉経後では「確実」にリスクを上げると評価されている。*10

揚げ物などハイカロリーなつまみのとり過ぎに注意し、お酒を飲んだときのシメのラーメンはごくたまにやらかす程度に我慢したい。リスクを下げる「可能性あり」の運動も取り入れつつ、節制を心がけたほうが良さそうだ。

さて、「乳がんはエストロゲンと関係性が深い」と聞いて、生理不順や更年期などの対策に、**低用量ピル**をはじめとする**女性ホルモンを補充する治療**を行っている方はかなり気になっているのではないだろうか。先生、これについてはいかがでしょう。

「正直、リスクはゼロとは言い切れません。利を得れば、失うものもあります。ただ初期に発売されたピルとは異なり、現在処方されているものはエストロゲンだけでなく黄体ホルモンも含有されているので、その分エストロゲンの量が少なく、リスクは下がると考えられます。低用量ピルに関しても、お酒と同じように『リスクはゼロではない』ということを念頭に置いて服用し、定期的に乳がん検診を受けるようにされるといいでしょう」（松尾さん）

私自身、若年性更年期の治療をきっかけに、もう20年近く低用量ピルや、更年期の治療薬（ウェールナラ）を飲んでいるが、現在まで主だった副作用はない。こうしたホルモン剤のリスクを受け止めつつ、更年期のしんどい症状を改善し、年に1回の乳がん検診を受けることで安心も得ている。

「さまざまながんの中でも、乳がんは早期発見できれば命を落とす可能性が少ないものです。また発見が早ければ早いほど、手術治療での切除部位も最小限で済みます。乳がんの罹患は40代に急上昇し、その後はずっと高い状態を維持します。つまり40代以降はいくつになっても乳がんのリスクがあると考え、定期的に検診を受けることが賢明です」と松尾さんが言うように、定期的な検診こそ早期発見の道なのだ。

飲酒以外の習慣でがんリスクを下げる

国立がん研究センターでは、日本人のがんと生活習慣との因果関係の評価を行い、「がんのリスク・予防要因　評価一覧」[*10]としてホームページで公開している（※）。

この評価では、がんのリスクが、「データ不十分」↓「可能性あり」↓「ほぼ確実」↓「確実」という順番で科学的根拠としての信頼性が高くなっている。

そして、「飲酒」によりリスクが上がるのが「確実」となっているのは、「全部位のがん」のほか「食道」「肝臓」「大腸」「頭頸部」。ほかに「男性の胃がん」「閉経前の乳がん」が「ほぼ確実」になっている。

また、最も多くの部位のがんリスクを上げるのが「喫煙」で、「全部位のがん」のほか、「肺」「肝臓」「胃」「大腸」「食道」「膵臓」「子宮頸部」「頭頸部」「膀胱」が「確実」となっている。

「肥満」もがんのリスクになる。「肝臓」そして「閉経後の乳がん」は、肥満によりリスクが上がるのが「確実」であり、「大腸」は「ほぼ確実」となっている。

がんのリスクを下げるほうも評価されている。

※こうした情報などを基に厚生労働省が2024年に公表した「健康に配慮した飲酒に関するガイドライン」は作成された

がんの種類とリスク

	全部位	肺	肝臓	胃	大腸	結腸	直腸	乳房	食道	膵臓
喫煙	確実	確実	確実	確実	確実			可能性あり	確実	確実
受動喫煙	–	確実	–	–	–			可能性あり	–	–
飲酒	確実	–	確実	（男）ほぼ確実 （女）–	確実			[閉経前]ほぼ確実 [閉経後]–	確実	–
肥満	可能性あり（BMI 男18.5未満、女30以上）	–	確実	–	ほぼ確実			[閉経前]可能性あり（BMI30以上） [閉経後]確実	–	[男]可能性あり（BMI30以上） [女]–
運動	–	–			ほぼ確実↓	ほぼ確実↓	–	可能性あり↓		

国立がん研究センターがまとめた「がんのリスク・予防要因　評価一覧」。「-」はデータ不十分

例えば「運動」は、「大腸がん」のリスクを下げるのが「ほぼ確実」であり、「乳房」については「可能性あり」となっている。

このように、生活習慣においては、がんのリスクを上げるものもあれば下げるものもある。となると、酒をできるだけ長く健康を保ちながら楽しむなら、喫煙している人は禁煙したり、肥満を解消したり、また習慣的に運動することでリスクを下げることも大切だと思う。

と言っても禁煙や減量、運動をすれば、必ず飲酒の分がチャラになるわけではない。だが、愛する酒のために努力できることがあるのだから、ぜひ始めてみよう。

第4章

酒飲みの宿命
—胃酸逆流—

FATE OF THE DRUNKARD

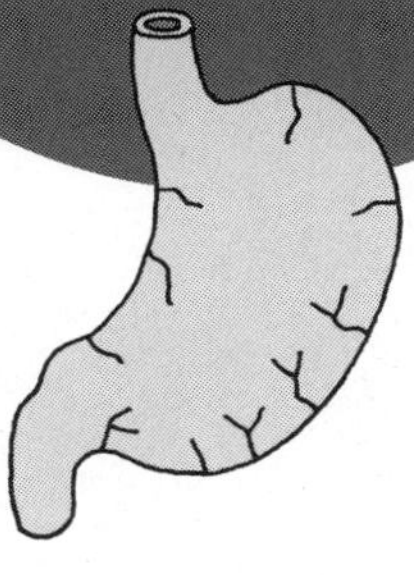

FATE OF THE DRUNKARD

「レモンサワー」は胃酸逆流を引き起こす？

国立国際医療
研究センター病院
秋山純一

逆流性食道炎は酒好きの「持病」か？

胃カメラによる内視鏡検査を受けた際、医師からこんなことを言われた。

「逆流性食道炎ですね。胸やけなどの自覚症状はありませんか？」

確かに、食べ過ぎたときにちょっと胸やけするくらいの自覚症状はあったが、たいしたものではない。しかも、5年前に内視鏡検査を受けたときは特に何も言われなかったので、あまりにも意外だった。

どうやら軽症だったようで、医師から特に治療は必要ないと言われたが、やはり不安は尽きない。そんな話をSNSに書き込んでみたところ、「私も逆流性食道炎です！」という酒好きたちからのコメントがわんさか入ってきた。

もしや、逆流性食道炎は酒好きの「持病」なんだろうか？　そういえば、逆流性食道炎から食道がんとなり、命を落とした知り合いもわずかだがいる。やはり、酒が胃酸を逆流させるのだろうか？

そこで、国立国際医療研究センター病院の消化器内科診療科長である秋山純一さんに聞いた。

先生、結論をまず教えていただきたいのですが、酒をたくさん飲む人は、やはり逆流性食道炎になりやすいのでしょうか？

「はい、可能性は大いにあります。アルコールが胃酸の逆流を引き起こすのではないかと考えられています」（秋山さん）

ああ、やっぱり……。病院でもらった逆流性食道炎のパンフレットにも書いてあったけれど、改めて先生の口から聞くと衝撃が大きい。

それでは、逆流性食道炎とはそもそもどういった病気なのだろうか。

「逆流性食道炎は、**胃食道逆流症**（GERD）という胃液や胃の中のものが食道に逆流する病気のひとつです。主な症状として、みぞおちの上が焼けるように痛くなる**胸やけ**、酸っぱいものが口にこみ上げる**呑酸**《どんさん》、**げっぷ**、**胃もたれ**などが挙げられます」（秋

胃食道逆流症の分類

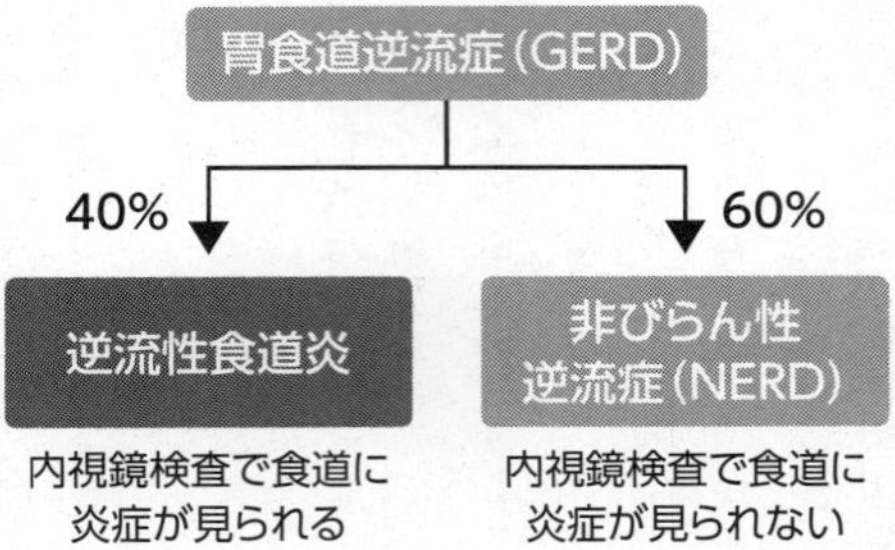

山さん）

胃食道逆流症には2つのタイプがある。そのひとつが逆流性食道炎で、食道に炎症が見られるもの。そしてもうひとつが、食道に炎症が見られないタイプで、**非びらん性胃食道逆流症**（NERD）という。

「胃食道逆流症のうち、40％が逆流性食道炎で、残りの60％が非びらん性胃食道逆流症です。逆流性食道炎は、炎症の度合いによって4つのグレードがあります。一方、非びらん性胃食道逆流症は、内視鏡で見ても炎症を示す粘膜障害を認められません。食道の炎症はないのに、軽い逆流や知覚過敏などによって胸やけを訴えたりするのです」（秋山さん）

「逆流性食道炎は、症状によってグレードが分けられています。粘膜の赤みが5㎜以内ならグレー

逆流性食道炎のグレードとその割合

逆流性食道炎のグレード	
グレードA	粘膜の赤みが5mmを超えない
グレードB	少なくとも1つの赤みが5mmを超えている
グレードC	複数の赤みが融合している
グレードD	赤みが融合して食道の全周に渡っている

日本の患者のグレード別割合

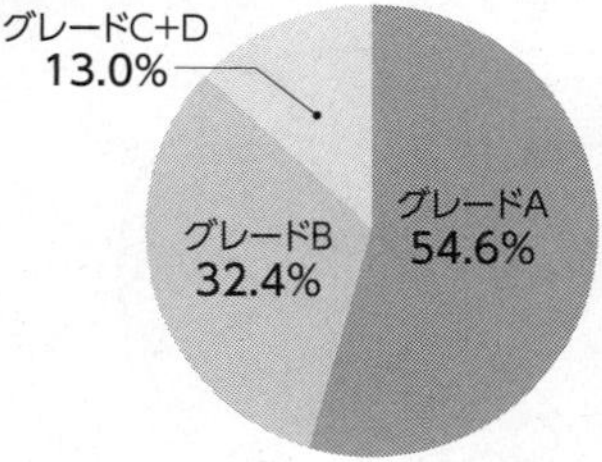

（右の円グラフの出典：J Gastroenterol. 2009;44(6):518-534.）

ドA、5㎜以上になるとグレードB。そして、複数の赤みが融合したらグレードC、さらに大きくなって食道のほぼ全周（75％以上）に渡るとグレードDとなります。ただし、上の円グラフを見て分かるように、全体の9割近い方が、ほぼ治療の必要がない軽症のグレードAとBです[*1]」（秋山さん）

「ほとんどが軽症」と聞くと、ちょっとホッとする。だが、治療が必要なグレードに上がってしまわないよう、対策しなければならない。

アルコールが「下部食道括約筋」を緩める

しかしなぜ、酒好きの人が逆流性食道炎になってしまうのだろう？　胃酸や胃の内容物が逆流することで食道に炎症が起きるわけだが、その逆流はどのようにして起きるのだろうか。

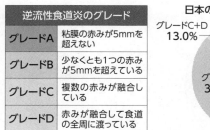

健康な胃と逆流が起きる胃の違い

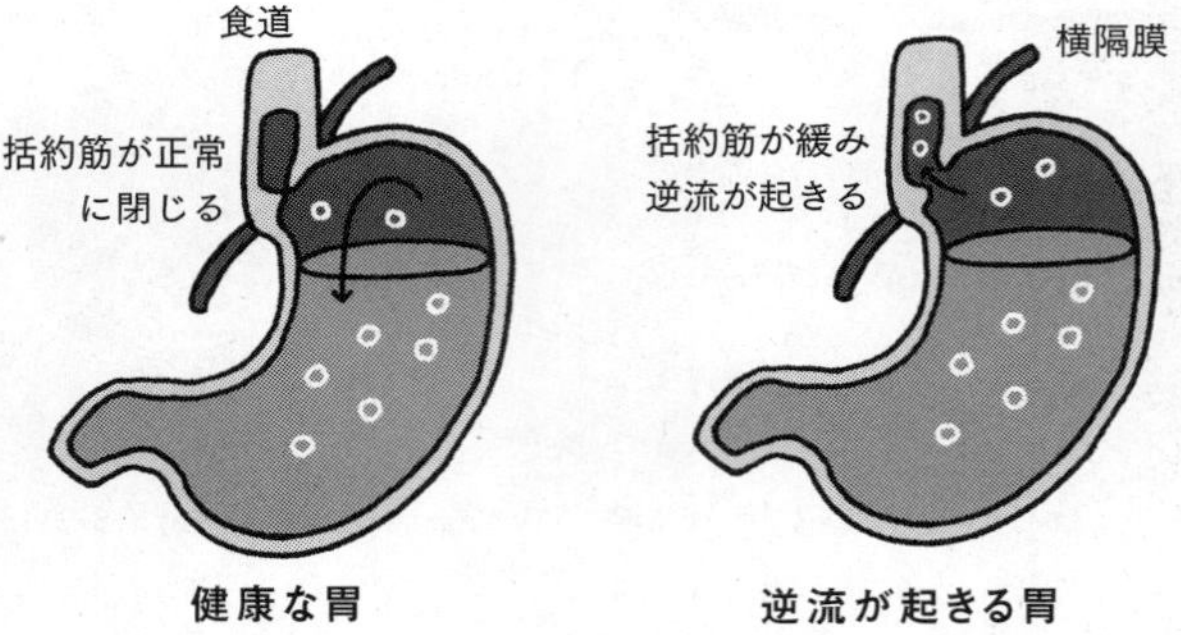

胃と食道の間にある「括約筋」の機能が低下して緩むようになると、胃酸や胃の内容物の逆流が起こる

「胃酸や胃の内容物の逆流が起こるのは、胃と食道の間の『**噴門部**』にあって、逆流を防止するバルブのような働きをする『**括約筋**』の機能低下が主な原因です。この部分を、『**下部食道括約筋**（LES）』といいます。一般的に、食べ物が入ってくると噴門が開き、それ以外は閉じているので、胃酸や胃の内容物が逆流することはありません。しかしさまざまな原因で括約筋の動きが鈍くなると、逆流が起こります」（秋山さん）

それでは、なぜアルコールは逆流性食道炎の原因になってしまうのだろうか？

「アルコールそのものに下部食道括約

筋を弛緩させる作用があるといわれています。特に、ビールやスパークリングワイン、ハイボールのような**炭酸**を含んだアルコールは、胃が膨らみ、げっぷが出やすくなるので要注意。また、柑橘類や酸っぱい果物なども、胃酸の分泌を増やすため逆流の原因になります。したがって、炭酸水とレモンを使った**レモンサワー**は好ましくないということになります」（秋山さん）

レモンのほか、グレープフルーツやシークワーサーなどのサワーが好きな人にとっては厳しいお達しである（涙）。酢の物や香辛料が多く使われているものも、胃酸の分泌を促進する傾向があるそうだ。ほかにも、酒の種類によって影響の違いはあるだろうか。

「さまざまな種類のお酒を飲んだときの下部食道括約筋にかかる圧力などを測定する実験が行われています。炭酸が含まれるもののほかは、逆流を起こしやすくするのは**白ワイン**だという論文が多いですね。酸性度が高いもの、つまりより酸っぱいもののほうが影響が大きいようですが、そのメカニズムや、アルコール濃度との関係などは分かっていません」（秋山さん）

酒好きとしては詳しいメカニズムの解明が待ち遠しい。いずれにしても、アルコール全般が影響を及ぼすというのは紛れもない事実である。

FATE OF THE DRUNKARD

胃酸逆流を悪化させないつまみ選び

国立国際医療研究センター病院
秋山純一

脂っこいものを食べると逆流しやすい

普段からの不摂生がたたったのか、「逆流性食道炎」になったことがある。

国立国際医療研究センター病院の秋山純一さんに聞いたところ、アルコールそのものに胃酸逆流を促進させる作用があり、酒をよく飲む人は逆流性食道炎になりやすいという。これはとてもショッキングな話である。

だが、絶対にアルコールはやめたくない。飲む量は減らさざるを得なくても、ゼロにはしたくない。そのためにできることはないだろうか。

「胃酸の逆流が起こるのは、胃と食道の間で逆流を防止するバルブのような働きをする下部食道括約筋（LES）の機能が低下するから。その原因は、アルコール以外にも**『食べ過ぎ』**などがあります」（秋山さん）

食べ過ぎると、胃の中の圧力が上がり、下部食道括約筋が緩んでしまう。それによって**げっぷ**が出る。「げっぷが出ると、空気と一緒に胃酸などが逆流してしまいます。これを『一過性LES弛緩』といいます」（秋山さん）

これは心当たりが十分にある。特に飲んだときは酔いも手伝って、普段よりも食べ過ぎてしまう。調子に乗って、しめのラーメンやご飯を食べてしまったときに、げっぷが出て逆流が起きているのかもしれない。

秋山さんは「特に**脂っこい食事**が好きな人は注意が必要」と付け加える。「脂っこい食事をすると、消化を助けるために胆汁の分泌を促進させる**コレシストキニン**（CCK）というホルモンが分泌されます。このホルモンに下部食道括約筋を緩める作用があるのです」（秋山さん）

酒が進むフライドポテト、ちくわの磯部揚げなどをはじめとする揚げ物は、よくないということか（がっくり）。焼酎ハイボールに合う豚の角煮、レモンサワーが恋しくなるホルモン、日本酒に合う脂のりのりのウナギも良くないなんて（涙）。

「ほかにも、唐辛子など刺激の強い香辛料、柑橘類、コーヒー、チョコレート、スイーツも胸やけを起こしやすいと言われています。また早食いは食べる際に空気も一緒に飲み込みやすく、それによって胃が膨らんでげっぷが出やすくなるので、時間をかけて食べるようにしましょう。げっぷが出ると逆流を助長するからです」（秋山さん）

食べて飲んですぐ横になるのはNG！

また、肥満の人は胃の中の圧力が上がりやすく、逆流性食道炎になりやすいという。

「太ってお腹回りに脂肪がつくと、胃が圧迫されます。過食、早食い、脂肪分の多い食事をしていると、肥満につながり、それでまた逆流が起こりやすくなるという負のスパイラルに陥るので注意が必要です」（秋山さん）

ほかにも喫煙や、胃を圧迫する前かがみの姿勢、ベルトやコルセットでお腹を強く締め付けることなども気をつけたいという。

さらに、「飲んですぐ寝てしまう人」は気をつけたほうがよさそうだ。

「お酒を飲んで、いい気持ちになると、すぐ横になる人も少なくないと思いますが、これもまた逆流が起きる一因になります。特に、右側を下にして横になる『右側臥位《そくがい》』は逆流が起こりやすくなるといわれています」（秋山さん）

右を下にして横になると逆流しやすくなる

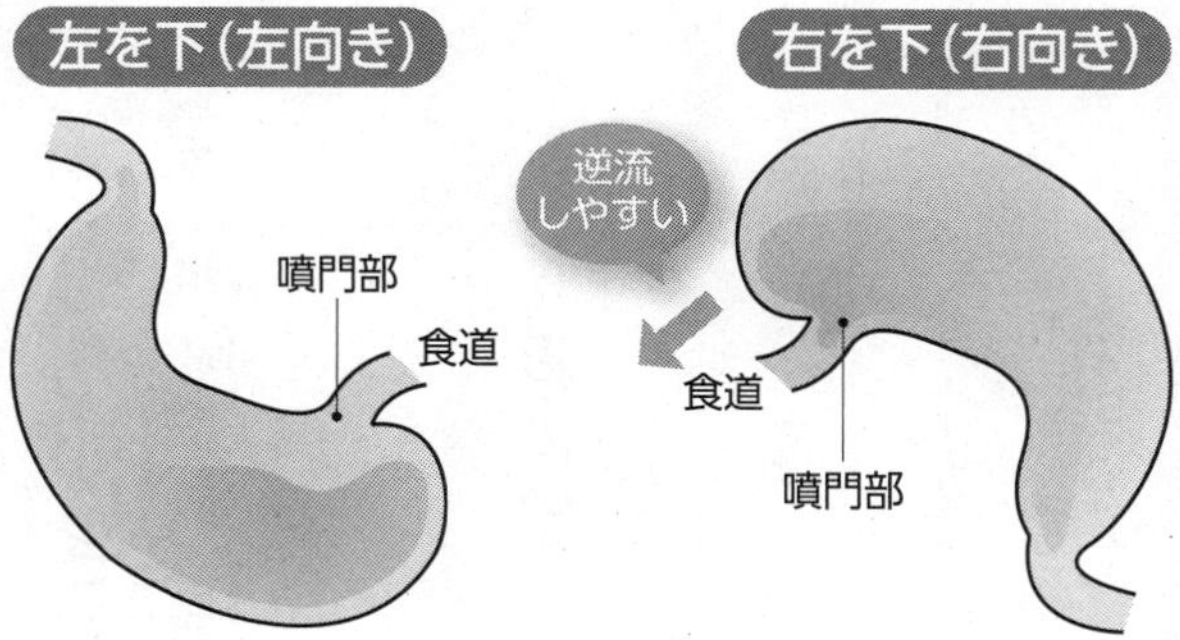

胃のカーブが原因で右側を下にして寝たときのほうが逆流が起きやすくなる

なぜ右側を下にして寝るのがよくないのかというと、理由は胃のカーブ。右側を下にして寝ると胃が食道より上になり、重力のせいで逆流を起こしやすくなってしまうのだ。そのため、左側を下にして寝たほうがまだ逆流しにくくなるのだが、そもそも食べたり飲んだりしてから十分に時間がたってから寝たほうがよさそうだ。

「胃食道逆流症（GERD）診療ガイドライン」[*2]には、夜間に逆流の症状がある人には、遅い夕食を避けること、そして就寝中に頭を少し高くして寝ることが有効だと書かれている。症状に悩む人は参考にしていただきたい。

FATE OF THE DRUNKARD

知っておきたい逆流性食道炎の治療と予防

国立国際医療研究センター病院
秋山純一

軽症ならば治療の必要はないが…

逆流性食道炎と診断されたものの、軽症なのですぐに治療の必要はないと言われた。国立国際医療研究センター病院・秋山純一さんによると、逆流性食道炎は炎症の程度によって4つのグレードがあり、「そのうち必ず治療が必要になるグレードCとグレードDは、合わせて1割強。残りの9割弱は、症状によっては治療しなくてもいい軽症」なのだという。

軽症であれば治療をする必要はない、と聞いてホッとしている方も多いのではないだろうか。私もそのひとりだ。確かに、胸やけや胃もたれはなくはないが、それも食べ過ぎたり飲み過ぎたりしたときだけ。逆流性食道炎だからといって、困ったことは今のところない。

「逆流性食道炎のグレードは、食道の粘膜にどの程度の赤みがあるかで判断します。グレードがＡかＢで、目立った自覚症状もなく、ＱＯＬ（生活の質）にも影響がなければ、特に治療する必要はありません。ただ、ＡかＢの方でも、週に2回以上胸やけの症状があると、ＱＯＬに影響しますので、治療の対象になり得ます」（秋山さん）

今は軽症でも、今後悪化してグレードＣやＤになったら、どうなるのだろうか。

「グレードＣやＤでは、週2回以上の胸やけを訴える方が8割以上になります。Ｄになると、半数以上の方が『毎日胸やけがある』と答えています。こうなると、継続的な治療が必要になります」（秋山さん）

毎日胸やけがあるとなると、ＱＯＬは相当悪くなりそうだ。できれば、そんなにひどい状態にはなりたくないが、そのときに備えて、治療についても聞いておこう。

酒好きの中には、逆流性食道炎と診断されても、「市販の胃薬を飲んでおけば胸やけも緩和するだろう」と思って、通院もせずに過ごしている人も少なくないだろう。そんなふうに自分で判断してしまっていいのだろうか。

「グレードＡやＢの軽症の場合、治療は基本的に本人次第で、つらいと思ったら通院

正常な食道とバレット食道の違い

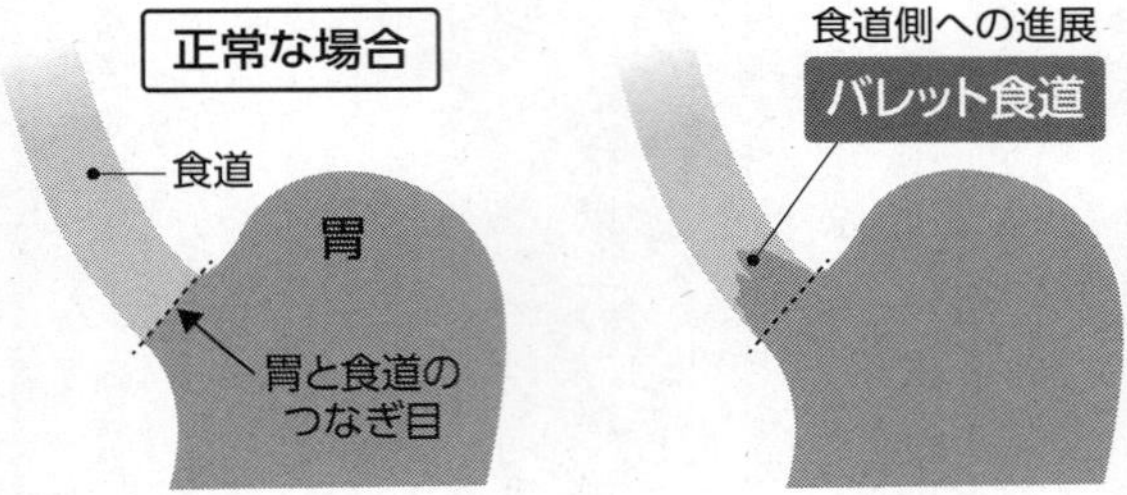

逆流性食道炎の合併症のうち、食道下部の粘膜が変性してしまうのが「バレット食道」だ

して治療すればいいのです。しかし、グレードCやDの重症となると、そうはいきません。逆流がひどくなると、合併症を引き起こすリスクがあるからです」（秋山さん）

逆流性食道炎の合併症としては、食道からの**出血**や、炎症を繰り返すことで食道が細くなっていく**食道狭窄**《きょうさく》、そして胃に近い食道下部の粘膜が変性する「**バレット食道**」などがある。

「食道は、扁平上皮《へんぺいじょうひ》という粘膜で覆われています。一方、胃は円柱上皮《えんちゅうじょうひ》という別の種類の粘膜で覆われています。バレット食道とは、食道下部の粘膜が変性し、胃から連続して円柱上皮に置き換わってしまう状態を言います。長期間にわたってこうした状態が続くと、食道がんに罹患するリスクが高くなります」（秋山さん）

逆流性食道炎の投薬治療

- **胃酸の分泌を抑える薬**
  プロトンポンプ阻害薬（PPI）またはカリウムイオン競合型酸ブロッカー（P-CAB）がよく使われる。初期治療で4～8週間服用すると、食道粘膜の炎症が改善する
- **酸を中和したり、酸による刺激を弱める薬**
  制酸薬、アルギン酸塩など。効きめは20～30分程度で、症状が出たときに補助的に使われる
- **消化管運動改善薬、漢方薬（六君子湯）**
  プロトンポンプ阻害薬が単独で効果が十分ではないときに補助的に使われる

薬物療法と再発の予防

食道がんと聞くと、ぞわっとする……。自己判断なんてもってのほか。重症の場合はきちんと治療するのが必須なのだ。では具体的にどういった治療をするのだろう？

「初期治療では、胃酸を抑え、胃の中の酸性度を弱める**プロトンポンプ阻害薬**（ＰＰＩ）と言われる薬を処方します（4～8週間）。これは軽症でも、知覚過敏で胸やけの症状がある人にもよく効きます。日本で開発され2015年にリリースされたボノプラザン（商品名：タケキャブ）はカリウムイオン競合型酸ブロッカー（Ｐ－ＣＡＢ）と呼ばれ、従来のＰＰＩよりも強力に胃酸を抑えることができ

ます。投与した初日から効果を示し、24時間にわたって安定した薬効を感じることができます。薬効に個人差が少ないのも特徴です」（秋山さん）

また秋山さんによると、「その人の症状に合わせ、食道の粘膜を保護し、胃酸を中和する**制酸薬**（酸中和薬）、消化を促進させる**消化管運動改善薬**、胃底部を広げ、げっぷを出にくくする漢方薬の**六君子湯**《りっくんしとう》も併用できる」という。制酸薬は、胃もたれや胸やけなどの症状が出たときに補助的に用いることが多い。

　初期治療を終えて症状や食道の炎症が改善すれば、そのまま投薬を終了し、日常生活に気をつけるだけでよいことも多い。しかし、食道の炎症がひどかった場合は、食道狭窄やバレット食道などの合併症を予防するために、初期治療後も投薬を続けることがある。これを「維持治療」という。

なお、胃酸の分泌を抑える市販薬もある。軽症の場合は、症状が出たときにこうした市販薬に頼るのもよい。しかし、重症で治療が必要な場合は、「きちんと医師の指示に従って服薬したほうがよい」と秋山さんは言う。

　服薬でも症状が改善しない場合は、さらに高度な検査と治療が必要になってくる。

「症状の改善が見られない方は、食道の中の酸の状態を見る食道内pHモニタリングや、食道の動きや噴門の働きを見る食道内圧検査を行う場合があります。その結果を

逆流性食道炎の症状改善が期待できる生活習慣

生活面で避けること	食事面で避けること
・腹部の締め付け ・重いものを持つ ・前屈姿勢 ・右側を下にして寝る ・肥満 ・喫煙など	・食べ過ぎ ・就寝前の食事 ・高脂肪食 ・甘いものなど高浸透圧食 ・アルコール ・チョコレート ・コーヒー ・炭酸飲料 ・柑橘類など

（出典：日本消化器病学会ガイドラインのホームページ）

踏まえ、専門家による内科的治療か、噴門形成術と呼ばれる外科治療、または最近新たな試みとして行われつつある内視鏡的逆流防止術などの治療オプションを探ることになります」（秋山さん）

欧米では外科手術も広く行われていると聞くが、それでも手術となると体への負担は小さくない。できることなら、ここまで悪化しないように気をつけたい。

そもそも、「できるなら薬すら飲みたくない」という人も多いのではないだろうか。「逆流性食道炎と診断されてしまったが、薬は飲みたくないので、重症化しないようにしたい」というわがままな酒好きのために、生活面での注意点を上の図にまとめておこう。*3

急性膵炎になると「一生断酒」!?

逆流性食道炎と同じように酒好きの宿命であると感じているのが「膵炎」だ。膵臓は、肝臓と同様、「沈黙の臓器」と呼ばれている。つまり、少々問題があっても痛みなどの症状がすぐに出るわけではない。しかも、肺や胃、腸などと比べたら、マイナーな印象の臓器だ。

それなのになぜ酒飲みが膵臓を心配するのかというと、飲み過ぎが「急性膵炎」を引き起こすからだ。しかも、急性膵炎の痛みは尋常ではないらしい。2010年に急性膵炎を発症したお笑い芸人の河本準一さんは、「生爪を一気に剝がされたような激痛が背中を襲った」と語っていた。考えただけでも恐ろしい……。

膵臓は、胃の後ろ側に隠れるように存在する臓器だ。そのため、膵臓が痛んでも胃の問題かと勘違いしやすいという。また、膵臓の役割には、食べ物を消化するための消化液を分泌する外分泌機能と、血糖値を下げるインスリンなどのホルモンを分泌する内分泌機能の大きく2つがある。

急性膵炎が痛いのは、膵臓で作られる膵液が、膵臓そのものを溶かしてしまうからだ。

膵臓は胃の後ろ側にある

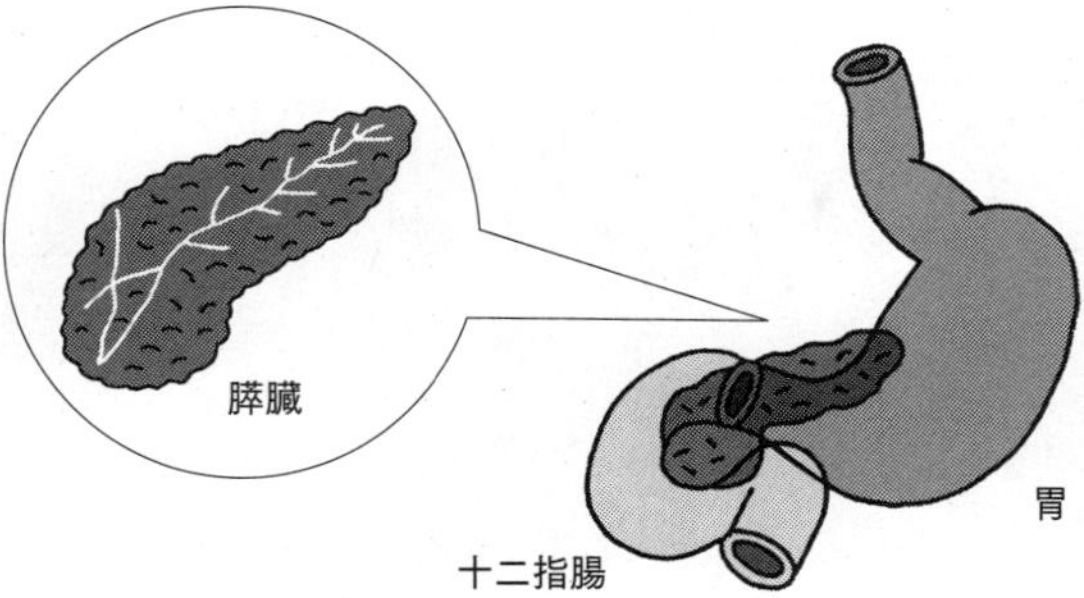

膵液の中には、食べ物に含まれるたんぱく質や糖質、脂質などを分解するためのさまざまな消化酵素が含まれており、それが膵臓そのものをドロドロに溶かし、炎症を起こすのだという。

また、アルコールに加え、脂っこいものをたくさん食べると急性膵炎になるリスクが上がる。脂っこいものを食べると、それを消化するために膵液がたくさん分泌されるからだ。

さらに、急性膵炎を発症したら、その後は断酒しなければならない。断酒に失敗し、再び急性膵炎になる人も多いのだという。そして、急性膵炎を繰り返すと、そこから「慢性膵炎」や「膵がん」につながるケースもある。断酒を避けるためにも、膵炎にならないよう、自分の飲み方とつまみを見直したいものだ。

第5章

結局、酒を飲むと太るのか

OBESITY AND ALCOHOL

OBESITY AND ALCOHOL

「酒はエンプティカロリー説」は間違い

立川パークス
クリニック院長
久住英二

なぜ「酒を飲んでも太らない」という説がある?

「酒はエンプティカロリーだから太らない」という話を聞いたことはないだろうか。これを信じ、「酒だけを飲む分には太らないから大丈夫」と豪語して、つまみなしで飲み続ける酒豪もいるが、お腹はポッコリである。

エンプティカロリーとは、カロリーがゼロ(空＝エンプティ)という意味だ。酒に含まれる純アルコール(エタノール)には、1g当たり7・1kcalのエネルギーがある。ところが、このうち70%ほどは代謝で消費されることが分かっているので、同じカロリーを脂質や糖質でとったときよりも、体重増加作用が少ないのではないか、という説なのだ。

私はスマートフォンのアプリで食事と体重の管理を行っている。食べたものや飲んだ酒などについて入力すると、その日に摂取した総カロリーが計算される。だが、もし「エンプティカロリー説」が本当なら、酒を飲んでもアプリに入力しなくてもいいんじゃないか、という気になってしまう。実際、「今日は糖質ゼロのハイボールだし、カウントしなくていいや」と勝手に判断し、入力しないこともあった。

結果として、アプリによる管理を始めてから体重が人生最大値より8kg減ったものの、それ以降はなかなか減らない。しかも、ここにきて中性脂肪がやや高めになっており、何だかお腹回りもポチャッとしてきたような……。

こうなったら、「エンプティカロリー説」の真偽を明らかにしておかねばならない。この問題に詳しい、立川パークスクリニック院長の久住英二さんに聞いた。

先生、「酒はエンプティカロリーだから太らない」という説は正しいのでしょうか。

「お酒はエンプティカロリーではありません。当然、太ります。お酒に含まれるエタノールはれっきとしたエネルギー源です。お酒を飲むときはおにぎりを食べるのと同じ感覚で、太ると思って飲んだほうが賢明です」（久住さん）

おにぎりを食べるのと同じ感覚で……!?

「文部科学省の食品成分データベース*1によれば、ビール1缶（355mL）にはアルコールが14g、糖質が11〜12g含まれ、エネルギーは150kcal前後になります。同様に、ワイン小グラス1杯（118mL）で90〜100kcal、日本酒1合が200kcal近くです。コンビニで売られているおにぎりは、1個当たり170〜180kcalぐらいですから、ほぼビール1缶、日本酒1合、ワイン2杯と同程度ということになります」（久住さん）

「酒はエンプティカロリーではない」と明言されることは覚悟していたが、糖質のかたまりであるおにぎりと同じ土俵で考えなくてはならないなんて（涙）。

先生、**糖質ゼロ**のハイボールや本格焼酎であれば、カロリーとしてカウントしなくていい、なんてことはないのでしょうか？

「残念ですが、それもありません。焼酎やウイスキーなどの蒸留酒は糖質ゼロですが、アルコール由来のカロリーがあります。糖質が含まれていないお酒なら太らないのではなく、お酒そのものが太るということです。それに、糖質ゼロだからと安心して飲み過ぎたら元も子もないですよね」（久住さん）

糖質の有無に関係なく、酒と名前が付くものは太る。何と衝撃的な言葉なのだろう。「糖質が気になるからビールをやめてハイボールに替えた」という酒飲みは少なくないはず。その効果はもちろんあるが、だからといって飲み過ぎたら太ってしまうのだ。

少量の飲酒でも太ってしまうリスクはある

ところで、アルコール由来のカロリーは代謝されやすいので太りにくいという話については、どうなのだろう。

「太るメカニズムは複雑で、簡単に断言はできませんが、アルコール由来のカロリーでは太りにくいという説があるのは、アルコールが分解されるときの中間生成物が酢酸であるためかもしれません。酢酸は短鎖脂肪酸に分類されるのですが、これは近年『体に脂肪がつきにくい』健康オイルとして注目されているMCTオイルに多く含まれる中鎖脂肪酸よりも、さらに分解しやすい脂肪酸なのです」（久住さん）

久住さんによると、アルコールを摂取すると、1~2時間のうちに小腸などで吸収され、肝臓などで分解される。その中間生成物である酢酸が、筋肉などで最終的に炭酸ガスと水に分解されるときに熱エネルギー（アルコール1g当たり7・1kcal）が放出されるという。

「確かに短鎖脂肪酸は、通常の油に多く含まれる長鎖脂肪酸よりも消費されやすく、体内で優先的に使われるかもしれません。しかし、それで『太らない』と言えるかというと、難しいでしょう。短鎖脂肪酸もエネルギーを有していて、とればとっただけエネルギー過多になります」（久住さん）

それでは、どれぐらいの量を飲めば肥満につながるのだろうか。飲み過ぎれば太るのは分かるが、「ここまでの量ならセーフ」という基準があればうれしい。

「世界各国のさまざまな肥満に関する研究結果をまとめた論文[*2]では、少量から中程度の飲酒では結果がまちまちで、過度の飲酒はおおむね体重増加につながる、と結論づけています。しかし、少量の飲酒でも体重増加につながるという研究結果が、2020年9月にオンラインで開催された欧州国際肥満学会[*3]で報告されました」（久住さん）

少量でも太る……。もしそれが本当なら、大ピンチである。

「少量でも太るという研究では、1日当たり缶ビール（355mL）半分以上のアルコール摂取で、肥満やメタボリックシンドロームのリスクが高まったそうです。特に男性では顕著で、1日ビール半缶超～1缶以下のアルコールをとる男性は、非飲酒者と比べて肥満のリスクが1・1倍。1缶超～2缶以下では肥満のリスクが1・22倍、2缶超では肥満のリスクが1・34倍でした。これは韓国の20歳以上の約2700万人の

データを解析した結果です。同じ東アジア人を対象とした研究なので、我々にとって示唆に富んでいますよね」(久住さん)

それでは、なるべく太らないようにするには、どのような酒を選べばよいだろうか。最近は発泡酒をはじめ、ビールやチューハイでも「糖質ゼロ」をうたった商品が発売されている。特に甘い酒が恋しくなったときは、糖質ゼロのフルーツ味のチューハイを手にしてしまうのだが……。

「糖質ゼロであれば、確かにその分、カロリーは少ないと言えます。ただ、人工甘味料で味をつけた甘いお酒は要注意です。人工甘味料にもいろいろな種類がありますが、ものによっては飲んだときにインスリンの分泌が促進され、結果として血糖値が下がり、空腹感を覚えて何か余計に食べたりすることにつながってしまうリスクがあるのです」(久住さん)

なるほど。糖質ゼロだからといって安心してはいけない。やはり太りたくなかったら、自分が口にする飲み物も食べ物もきちんとコントロールしなければならないのだ。

OBESITY AND ALCOHOL

ダイエットのために常備したい5つのつまみ

管理栄養士
岸村康代

減量するならつまみにも注意

酒飲みなら、つまみには一家言ある人は多いと思う。あまりこだわらないという人もいるが、この酒ならこのつまみ、という自分なりのスタイルを決めて、酒と一緒に楽しんでいる人は少なくないはずだ。

かく言う私も、つまみについては何冊も本を出している。日本酒の種類とどんな料理を合わせるのがいいのかについて解説した「ペアリング」の本もある。

つまみにもさまざまな論点があるが、ここでは**ダイエット**のためにいいつまみとは何か、ということについて考えたい。

正直なところ、酒飲みにとってダイエットは難しいと感じている。飲み過ぎてコントロールを失って、つい余計なものも食べてしまう経験は多くの人にあるだろう。過去に、飲んだ後に食べる「しめ」のラーメンでどれだけ後悔したことか。飲み屋でよく出る、糖質たっぷりのポテトサラダや高カロリーの揚げ物も、ダイエットには天敵だ。

そこで、管理栄養士で、大人のダイエット研究所代表の岸村康代さんに、酒飲みに向くダイエットについて聞いてみた。

好きな酒をやめずに、ダイエットを成功させるには、どうしたらいいのでしょう?

「どんな人でもそうですが、何かを我慢するようなダイエットは続かないですよね。お酒や食事を常に制限するよりも、たまには飲み過ぎたり食べ過ぎたりしてもいい、と考えるのはどうでしょう。毎日体重計に乗る習慣を身につければ、体重が増えてしまったときにすぐ気づきます。そうしたら、なるべく早く調整すればいいのです」(岸村さん)

体重が増えてしまったときにどう戻せばいいのだろうか。岸村さんのお勧めは「野菜のシャワー」だ。

野菜のシャワーの基本は、1食当たり「両手のひら1杯分以上」の野菜をとること。

なるべくさまざまな野菜をとるのがお勧めだ。

「野菜は、食物繊維のほかにビタミンやミネラルも豊富です。排便をスムーズにし、代謝を助けてくれます。毎食、加熱した野菜料理を1皿、生野菜を1皿食べるなど、ルールを決めるのもいいでしょう。そして、ご飯の量はいつもの半分を心がけてください。特に夜の食事で頑張って取り組むと効果的です」（岸村さん）

実際、私も年末年始の暴飲暴食で2kgほど増えたときに、この野菜のシャワーを1週間ほど試したところ、ほぼ元の体重に戻った。

たまに食べ過ぎたり飲み過ぎたりしても、後から調整すればいい、と思えば気が楽だし、続けられそうだ。酒と料理を楽しむ余裕も生まれる。

そして、毎日体重計に乗り、自分の体重を記録しておくことも重要だ。それだけで食べ過ぎ、飲み過ぎの抑止力になるからだ。

「さらに、スマートフォンのダイエットアプリで自分が食べたり飲んだりしたものを記録していくと、効果が高まります。最近のアプリは優秀で、自分が食べたメニューや、飲んだお酒の種類と量を入力するだけで、摂取カロリーが計算されるものもあるので、ぜひ活用してください」（岸村さん）

ダイエットに向いたおつまみはこの５つ

ダイエットに向いたつまみはこの5つ

さて、酒好きでも続けられそうなダイエット法が分かったところで、ダイエットに向いた**つまみ**について岸村さんに聞いてみよう。コロナ禍以降、自宅で酒を飲む機会が増えたので、自分でも手軽に準備できるものだとなおいい。

「その条件からすると、私がお勧めするのは、**生キャベツ**、**酢の物**、**きのこ料理**、**枝豆**、**甘栗**の5つですね」（岸村さん）

なるほど、この5つなら簡単に用意できそうだ。

それでは、この5つがなぜダイエットに向いているのかについて、それぞれ解説してもらおう。

①生キャベツ

「生キャベツは、よくかむことによって満腹中枢が刺激されます。食後の血糖値の上昇を抑える働きもあり、かつ体脂肪の蓄積も防いでくれます。また食物繊維も豊富で、腸内環境の改善にも役立ちます。食事の前に食べておくと、食べ過ぎ防止にも一役買ってくれます」（岸村さん）

串揚げや焼き鳥のお店でよくお通しに出てくる生キャベツにそんな効果があったとは。よし、これからは宅飲みのときにも、生キャベツを酒の傍らに置くことにしよう。

岸村さんによると、キャベツはダイエットだけではなく、ほかの意味でも酒好きにとって最高の相棒でもあるようだ。

「お酒を飲むと体の中で『炎症反応』が起こりやすくなります。二日酔いになると、頭や胃が痛くなりますが、それらも炎症反応が原因のひとつと考えられています。アルコールで引き起こされる炎症反応によって、腸内環境や免疫にもダメージが与えられてしまうことがあります。キャベツには、ビタミンCやイソチオシアネートといった、炎症を抑える抗酸化成分を多く含んでいます。また豊富なビタミンUが胃の粘膜を保護してくれる効果も期待できます。これらの成分は熱に弱いので、生で食べるか、加熱するにしても短時間にしましょう」(岸村さん)

②酢の物

「お酢はダイエットにおいて積極的に使いたい調味料です。発酵食品でもあるお酢は、酢酸による脂質の燃焼促進をはじめ、血圧、血糖値、コレステロールの値を下げる効果が期待できます。おつまみであれば、わかめときゅうりなどの酢の物はいかがでしょう? わかめに多く含まれる水溶性食物繊維と酢の相乗効果で糖質の吸収が緩やかになります。手軽なメカブ酢もお勧めです」(岸村さん)

調味料にお酢を使えば、減塩にも役立つという。さらに、煮込み料理に使えば、うまみやコクが出るので、調味料としても優秀だ。

発酵食品といえば、「味噌や酒粕などもいい」と岸村さん。「発酵食品と食物繊維は腸内環境を整え、排泄をスムーズにする。食物繊維から腸内で作られる短鎖脂肪酸によって代謝機能もアップしたりする」という。

③きのこ料理

「きのこ類は食物繊維がとても豊富です。食物繊維を多くとると、胃や腸に長くとどまることもあり、満足感が長く続きます。きのこ類は、アルコールや脂質の代謝に必要なビタミンB群も豊富なのでお勧めです」（岸村さん）

好きなきのこをツナと一緒にサッと炒めるだけで、簡単におつまみが作れる。アレンジしやすいのもきのこの魅力だ。

④枝豆

「枝豆は、糖質をエネルギーに変えてくれるビタミンB_1、食物繊維、たんぱく質もたっぷりで、ダイエットの強い味方です。お酒を飲まない日でも、湯がいて食卓に並べるのもいいでしょう」（岸村さん）

飲み屋での定番のつまみである枝豆にそのような効果があったとは。これからは、飲まない日でも夕食の常備菜にしたいものだ。

⑤甘栗

軽めのつまみとして定番の「乾きもの」といえばナッツだが、岸村さんによると

「ダイエットを考えるなら、つまみはナッツより甘栗がお勧め」とのこと。

ナッツは、ビタミンやミネラルが豊富で健康効果もあると思っていたが、どうなのだろう。

「間食のとき、ケーキの代わりに適量のナッツを食べるなら、肥満予防になると思います。ただ、お酒のつまみとしては意外とカロリーが高くて、つい食べ過ぎてしまう人は要注意です。コンビニで売られているミックスナッツは100gで600kcal以上もあり、一般的な焼き魚定食とそう変わりません。その点、甘栗は脂質が少なめで、糖質を燃やすために必要となるビタミンB群、食物繊維も豊富。コンビニで売られている甘栗は、35g入りの1袋で65kcal程度と低カロリーなので、ダイエット中でも安心です」（岸村さん）

「お酒に甘栗？」と思ったが、試してみると、これがまた意外とよく合う。塩分も含まれていないので、むくみも心配ないし、一石二鳥である。

以上、ダイエットに向いた5つのつまみについて解説してもらった。気に入ったものはあっただろうか。健康という観点からも、つまみについては考えていきたいものだ。

OBESITY AND ALCOHOL

正月太りの正体は飲み過ぎか食べ過ぎか

管理栄養士
岸村康代

なぜ年末年始は太りやすいのか

年始明けに怖いもの、それは体重計である。

年末に仕事を納めた後の解放感、そして「お正月だからいいか」という悪魔の言葉のダブル攻撃によって、戒めから解き放たれた酒飲みの食欲&酒欲はとどまることを知らない。

特に正月は、「飲んでください」とばかりのアテが並ぶおせち料理がトリガーとなる。暖房の効いた暖かい部屋で、ゴムのパンツをはいて朝からおせちをつまみながら飲む酒といったらもう……。この甘やかし状態を三が日にわたって繰り広げるのだから、太らないワケがない。そして1月4日の朝、体重計に乗って悲鳴を上げるのが恒例となっている。

いや、「恒例」とか言っている場合ではない。普段せっかく厳しい体重管理をしていても、たった数日間で、その努力が水の泡になってしまうなんて！

いったい、太るのは酒が原因なのか、正月料理の食べ過ぎが原因なのか。ここはダイエットのプロに、正月太りの原因と、それを解消する方法について指導してもらうしかない。数千人のダイエット指導を行ってきた管理栄養士で、大人のダイエット研究所代表の岸村康代さんに話を聞いた。

先生、年末年始って、どうしてこう太るんでしょう？

「ズバリ、食べたり飲んだりして摂取したエネルギーの量と、体を動かして消費したエネルギーの量のバランスが悪いのです。普段は、通勤などで歩いたり、駅の階段を上り下りしたりしていますが、年末年始はそれがなくなり、運動量がぐっと少なくなります。それに加え、お休みなので時間もあります。暇を持て余すと、口さみしくなって、つい食べてしまう。動かないのに、必要以上に飲んだり食べたりする。これが太ってしまう原因です」（岸村さん）

ううう、耳が痛い。分かっていても、年末年始は欲望が抑えられなくなる。さらに一歩外に出ると厳しい寒さが待ち受けているので、外出しなくなり、ますます運動量は減るばかりである。

動かないのにだらだら食べてしまうのに加え、おせち特有の味付けもまた、正月太りを促進する「負のループ」を作ってしまうという。

「おせちは、伝統的な日本の料理なので、ヘルシーなイメージを持つ人もいるかもしれません。でも実は、保存が効くように醤油や砂糖を使って濃い目に味付けされているものが多く、糖分と塩分を多く含む料理なのです。糖分はご存じのように血糖値を上げ、中性脂肪をため込みやすくします。塩分をとり過ぎると、体は塩分濃度を一定に保とうとして、それを薄めるために水分をため込むので、むくみの原因になります。甘辛い味付けはお酒もご飯も進みますし、酔えば食欲に歯止めが利かなくなることも。『糖分+塩分』は究極の太る味付けセットなのです」（岸村さん）

おせちに限らず、甘辛い味付けの料理は本当に酒に合う。正月太りを解消したいならば、すき焼き、照り焼き、煮物などにも注意したほうがよさそうだ。

調理法に気をつけるだけでもカロリーを抑えられる

「注意していただきたいのは、糖分、塩分だけではありません。**脂質**もです」と岸村さん。

三が日が明け、いざ正月太りを解消するためにダイエットを始めようと思うなら、甘辛い料理を避けるだけでは不十分だ。最近は、ご飯などの糖質を控えめにする「糖質制限ダイエット」が人気だが、岸村さんによると、糖質を控えた結果、脂質をとり過ぎては意味がないという。

「ダイエットというと、糖質制限を思い浮かべる方が多いのですが、脂質にも注意しないと、思うように体重が減りません。脂質は1g当たり9kcalです。糖質とたんぱく質はいずれも1g当たり4kcalなので、その倍以上もあります。糖質制限をしていても、アブラたっぷりの豚バラ肉や皮つきの鶏肉を食べていたらやせにくくなります。また脂質を多くとると胃腸に負担がかかり、腸内環境を悪化させます。さらに、脂質の多い食事をしていると悪玉のLDLコレステロールが増える場合があり、動脈硬化や心疾患のリスクへとつながるのです」(岸村さん)

部位によってカロリーに差が出る

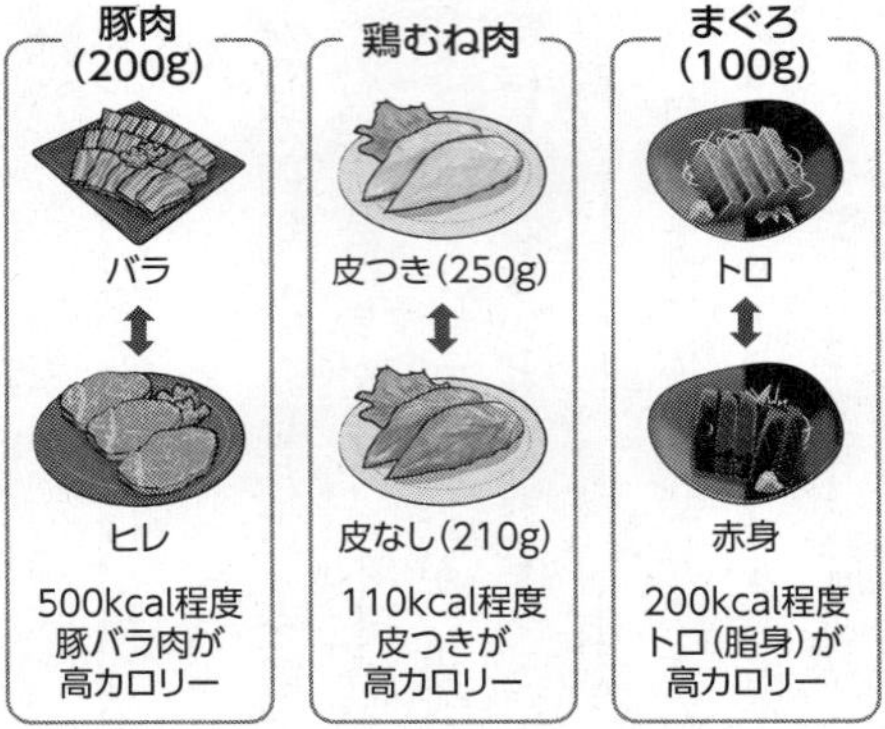

『日本食品標準成分表2020年版（八訂増補2023）』を基に計算

「調理法でもカロリーに大きな差が出ます。揚げ物は、素揚げ、唐揚げ、かき揚げなどの天ぷら、という順番にカロリーも脂質も高くなっていきます。揚げ物は絶対にダメというわけではなく、お酒のおつまみだったら、唐揚げよりも小エビの素揚げにするとか。唐揚げやかき揚げは、ごほうびとしてたまに食べるとか、量を少なめにするだけでも、摂取カロリーが変わっていきます」（岸村さん）

ダイエットという観点からは、「お肉」と大きくひとくくりにせず、部位の選び方や調理法にも注意したい。実際、豚バラ肉と豚ヒレ肉では、同じ200gであっても、豚ヒレ肉のほうが500kcal程度も低い（『日本食品標準成分表2020年版

（[*4]八訂増補2023）』を基に計算、以下同）。また鶏むね肉の場合は、250gの皮つきと、210gの皮なしでは110kcal程度も差がある。

岸村さんによると、これは魚にも言えることで、「同じまぐろ100gでも、赤身とトロ（脂身）では200kcal程度の差があります（くろまぐろ、天然の場合）」とのこと。ちりも積もれば山となる、カロリーも積もれば脂肪となってしまうのだ。

それでは、正月太りを効果的に解消させ、かつ確実にカロリーをコントロールするには、どういった食材を取り入れた料理がいいのだろうか？

「お正月明けにお勧めなのは、野菜のシャワーです。たんぱく質に加え、野菜の食物繊維を多くとると、胃や腸に長くとどまることもあり、満足感が長く続きます。特にきのこ類はお勧め。食物繊維が多く、アルコールや脂質の代謝に必要なビタミンB群も豊富。また、納豆、めかぶ、オクラのようなネバネバ系は、糖質の吸収を抑え、血糖値の上昇を穏やかにする効果があります。枝豆もダイエットの強い味方。糖質をエネルギーに変えてくれるビタミンB_1、食物繊維、たんぱく質もたっぷりです」（岸村さん）

年末年始に酒のシャワーを浴びた人は、正月が明けたら野菜のシャワーでリセットを。野菜をとる量の目安は「1食当たり、両手のひら1杯分以上」だ。きのこ類やめかぶ、オクラ、枝豆なども、つまみとしてもうまく取り入れたい。

OBESITY AND ALCOHOL

糖質ゼロビールはどうやって糖質ゼロを実現？

キリンビール
森下あい子

太りたくないなら「糖質オフ」

「最近、太っちゃったし、ビールは飲みたいけど、糖質ゼロのハイボールにしとくわ」ここ数年、飲み会で、自分も含めた酒飲みがこんな言葉を口にするのを何度も聞いてきた。そう、ビールは大好きである。昭和生まれの酒好きからすれば、「最初の一杯」といえばビール、餃子のお供といえばビール、そして風呂上がりにもビール、という図式が頭にある。

しかし、その図式を揺るがすブームが到来した。「**糖質オフダイエット**」ブームである。それまでのダイエットといえばカロリーを抑えるのが主だったのに、糖質オフが

糖質ゼロのビールが増えている

キリンビール「一番搾り 糖質ゼロ」(発売当時のパッケージ)

叫ばれるようになってから、皆、手のひらを返したように糖質を敵視するようになった。そして、悲しいかな、あのおいしいビールまでもが対象になったのだ。

ホントはビールをゴキュゴキュ飲みたい。でも糖質が気になるし、ダイエットもしているし、やっぱりやめておこう……。

こんなふうに思っている酒好きはごまんといるはず。そんなにビールが好きなのに、糖質が気になって飲めなかった酒好きにとって、ありがたいビールがキリンビールから発売された。それが、「一番搾り 糖質ゼロ」だ。

糖質ゼロといえば、第三のビールや発泡酒ではすでに定番となっていたが、今回は正真正銘のビールである。

ちなみに、同社の従来のビールの糖質量はどれぐらいかというと、「一番搾り」では2・6g（100mL当たり）である。米やパンなどに比べれば少ないと思うかもしれないが、ちりも積もればなんとやら。また、酒の席では、お酒だけでなく、おつまみからも糖質を十分に摂取するのだから、そりゃビールは糖質ゼロのほうがいいに決まっている、と思うのだ。

ではこの「一番搾り 糖質ゼロ」はどうやって糖質ゼロを実現したのか、味は本当にちゃんとビールなのか？ 飲む前から気になること満載である。

これはもう話を聞くしかない、ということで、「一番搾り 糖質ゼロ」の技術開発を担当したキリンホールディングス飲料未来研究所主査の森下あい子さんを直撃した。

ビールを我慢していた酒好きから「待ってました！」と声がかかりそうな今回のビールですが、開発するに当たり何かきっかけはあったのですか？

「私の育児休業中に聞いた友人の『ビール大好きなんだけど、体形も気になってきたし、最初の一杯で我慢しておこう』という何気ない一言がきっかけでした。もしかして、こういう方が多いのかなと思い、会社に提案したところ、社員の中にも同様のことを言う人がいて驚きました」（森下さん）

糖質を気にすることなく、ビールを気兼ねなく、おいしく飲んでほしい。また、ビールは好きだけど、健康維持のためにハイボールに切り替えているという方のために、糖質ゼロのおいしいビールを作りたい。

そんな思いを持って、2015年の春から開発をスタートした。試験醸造は実に350回以上。森下さんによると、「ビールの一般的な商品の試験醸造は数十回程度」だというので、いかに糖質ゼロのビールを作るのが難しいかが分かる。

しかし、糖質ゼロの第三のビールはたくさんあるのに、なぜ糖質ゼロのビールを作るのは難儀なのだろう?

「酒税法において、**ビールは麦芽の使用比率が50%以上**と決まっています。麦芽を多く使うことでビール本来のおいしさが生まれるのですが、同時に麦芽に含まれる糖質も多くなります。ビール中の糖質は旨味でもあり、おいしさの一要素でもあるため、これまではその糖質をゼロにしてしまうのは難しいといわれてきました。一方、麦芽使用比率が少ない発泡酒や第三のビールの場合、糖質をゼロにしても麦芽以外の副原料で味作りができるのです」(森下さん)

なるほど。糖質ゼロのビールを作るのが難しかったのは、麦芽の使用比率と使用できる材料に制約があるためだったのか。

糖質をゼロにする仕組み

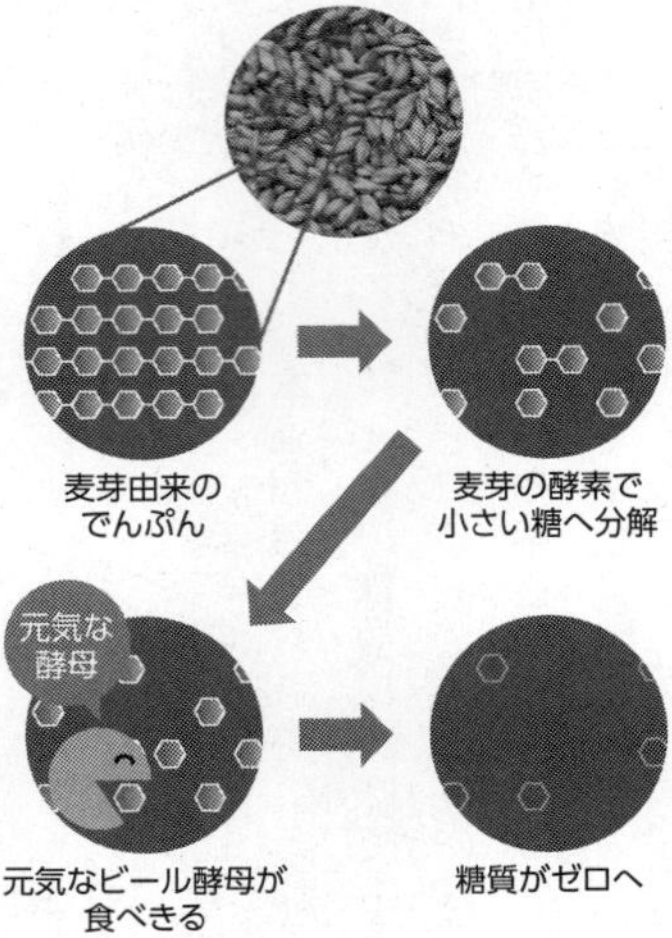

キリンビールの資料をもとに作成

酵母が糖を食べきる

では糖質ゼロのビールを実現するにあたり、どんな部分に注力したのだろうか。

「糖質をゼロにすることにおいて、特に注力した点は2つあります。まずひとつ目は、ビールの主原料となる麦芽の選定です。ビール作りにおける麦芽の役割は、麦芽に含まれる酵素の力で、高分子のでんぷんを、低分子の糖に変えることです（このプロセスを『糖化』という）」（森下さん）

この糖が酵母のエサとなり、

アルコールが生成されるのだが、実は糖化の段階で大小さまざまな大きさの糖が存在しているのだという。

「小さな糖は酵母が残さず食べてくれますが、大きな糖はビール中に残ってしまいます。今回の開発にあたり、酵母が食べ残してしまうような大きな糖をどうすればなくせるかを考え、『酵母が食べ残すことがない小さい糖』に分解してくれる麦芽と最適な糖化条件を選定しました」（森下さん）

この麦芽の選定にかかった時間は3年半。さまざまなタイプの麦芽を取り寄せ、分析、仮説、検証を繰り返しながら決定したという。

そして2つ目に注力したのは、アルコール発酵を行う酵母である。

「糖質ゼロを達成するには、麦芽の酵素によって小さく分解された糖を、酵母が食べきることが条件となります。自社ビール酵母の中から、通常のビールに比べて厳しい管理をされた、糖をせっせと食べてくれる元気な酵母を厳選しました。発酵期間は通常のビールと同様ですが、データ分析を行いながら、酵母が糖を食べきる温度を調整しています」（森下さん）

気になるその味は…

聞くほどに、ハイテク！　そんな技術が生かされたビールが生まれるなんて、少し前では考えられなかった。

スーパーハイテクのたまものであることが分かったところで、やっぱり気になるのは「お味」である。ビール好きにおいしく飲んでもらうために、どんな工夫をしたのかを森下さんに伺った。

「先ほどもお話ししましたが、ビールの糖質を旨味ととらえる方もいらっしゃいます。糖質ゼロはその一要素をなくすこと。ではどこにおいしさを持っていくのかと考えたとき、『一番搾り製法』は欠かせないと思いました。通常、ビールは一番搾りに加え、二番搾りも使います。これに対し、一番搾り製法とはビールの製造工程において、主原料の麦から最初に流れ出る一番搾りの麦汁だけで作ることを指します。これにより、素材の良さを最大限に生かした、雑味のない、澄んだ麦の旨味にあふれた味を実現できたのです」（森下さん）

そして5年もの年月をかけてできあがったのが、「一番搾り　糖質ゼロ」である。アルコール度数は**4%**（2022年に5%に変更）。「おいしさを追求した結果、4%にたどり着きました」と森下さん。月に一度はビールを飲むというユーザーに事前調査を行った結果、「飲みやすい」「ちょうどいい」という回答が94%の方から得られたという。

早速、私も「一番搾り 糖質ゼロ」を飲んでみた。実は半信半疑な面もあったが、キリリッとした爽快感の中に麦芽本来の旨味を感じ、ほど良い飲みごたえが「ビールを飲んだ」という満足感を与えてくれる。糖質ゼロではない従来のビールと比べると、ややライトな飲み心地だが、糖質ゼロのハイボールに切り替えてから長い私にとってはちょうどいい。重過ぎず、軽過ぎずといったふうである。

コロナ禍で家飲み派が増えたこともあり、糖質ゼロビールは今後もさらに需要があると感じる。

健康志向の酒は、これからも出番が増えそうだ。

OBESITY AND ALCOHOL

筋肉を増やすのにお勧めのつまみは？

立命館大学教授
藤田　聡

たんぱく質は一度にまとめてとってもダメ

酒のつまみというと、酒の味に合うかどうかが重要で、筋肉が増えるかどうかという観点から選ぶ人はあまりいないと思うかもしれない。

だが、**筋トレ**を毎日やるようになり、それが趣味のひとつになると、今度は自分の生活のすべてにおいて、筋肉が増えるかどうかを気にするようになるのだ。

コロナ禍ですっかり日々の筋トレにハマった私にとって、つまみでも筋肉の材料となるかどうかはとても重要なことだ。筋肉量をキープするからこそ、肥満も防げるし、病気の予防にもなる。

実は、**筋トレの後にすぐ酒を飲むと、筋肉の合成が妨げられてしまう**のでよくないのだという。運動の後のビールを楽しみにしている人もいるだろうが、筋トレの場合はしっかりと時間をあけてから飲まないとダメなのだ。

このように、筋肉についてもきちんと科学的なことを理解しておかなければ、効果が半減してしまう。つまみの選び方についても、正しく知っておきたい。そこで、筋肉の合成について詳しい、立命館大学スポーツ健康科学部教授の藤田聡さんに、そもそもどうやって筋肉が増えるのかというメカニズムから教えてもらおう。

まずは、**たんぱく質**の基本的なことを改めて聞いてみた。筋肉と言えば「たんぱく質からできている」ということは知っているが、私たちの体の中でたんぱく質はどんな役割を担っているのだろうか。

「体を作る筋肉、皮膚や髪、内臓などの組織、ホルモン、酵素などは、ほぼたんぱく質を材料として作られていて、特に筋肉においては、水分以外の約80%がたんぱく質によって構成されています。また、筋肉のたんぱく質は緊急時に分解されてエネルギー源としても使われることがあります」(藤田さん)

体の大部分はたんぱく質からできているということか。たんぱく質がいかに大切かが分かる。また、たんぱく質は気をつけていないと不足がちになる、とも聞く。やはり毎日とるべきなのだろうか？
「はい、毎日摂取する必要があります。食事などで取り込まれたたんぱく質は、アミノ酸へと分解され、体の各部位でたんぱく質に再合成されます。体内では、たんぱく質の合成とアミノ酸への分解が常に行われており、またアミノ酸の一部は燃焼されたり排泄されたりしてなくなるので、たんぱく質を毎日新たにとらなくてはならないのです」（藤田さん）
毎日摂取するとなると、気になるのはその量。素人考えだと、「体にいいならたくさんとればいいじゃないか」と思いがちだが。
「1日当たり3食合計60～70gが理想です。中高年の場合は体重1キロ当たり0・4gを目安としてください。この計算式でいうと、体重50kgの女性であれば1食当たり20g、3食合計で60gとなります。私自身もこの計算式を利用しています。また、1食で1日分のたんぱく質をまとめてとろうとせず、必ず3食に分けてとるようにしましょう」（藤田さん）
1食でどうすればたんぱく質20gがとれるだろうか。肉・魚であれば、部位にもよるが100g当たりだいたい20g程度のたんぱく質を含んでいる。豚ヒレ肉なら2～3切れ、サバなら1切れ、イワシ缶1個が目安になる。

　また、卵1個のたんぱく質は約6・2g、牛乳200mLで6・8g、納豆1パック（50g）で8・3g程度だ。ご飯やパンなどの穀物にもたんぱく質は含まれており、ご飯は茶碗に軽く1杯でたんぱく質が3・8g、食パンなら6枚切り1枚で5・6g程度になる。これらを組み合わせて、まずは1食20gを目指そう。

　頑張ればなんとかとれそうな量だが、「朝や昼は時間がなくて、食事の準備が十分にできず、そこまでの量をなかなかとれない」という人もいるだろう。だがご安心を。「たんぱく質は、**プロテイン**でとってもOKです」と藤田さん。

「プロテインは、肉からたんぱく質を摂取した場合よりも、筋肉の合成が早いと言われています。だからといって、食事の代わりにプロテインだけで済ますことは、あまりお勧めできません。あくまでも補助と考えるようにしましょう」（藤田さん）

　藤田さんによると、筋肉の合成だけを考えればプロテインのほうが効率がいいのかもしれないが、肉や魚を食べるのはほかの栄養素をとるためでもある。そのため、食事で不足した分をプロテインで補うという考え方がいい、というわけだ。

動物性たんぱく質で筋肉合成のスイッチを押す

プロテインを飲むなら、タイミングも重要だ。

「筋トレで筋肉をつけたい人は、プロテインは筋トレとセットにしましょう。飲むタイミングは、厳密に考えなくてもいいとも言われていますが、筋トレの後1～2時間以内に飲むと筋肉の合成が高まるのでより良いと考えられます」（藤田さん）

なお、プロテインを飲むと、それだけで満腹感が得られることがある。そのため、「ダイエット中の人は、食前にプロテインを飲めば、お腹がある程度満たされるので、食事を食べ過ぎることがなくなるかもしれません」という耳よりな情報を藤田さんに教えてもらった。逆に高齢者の方は、食前に飲むと食事が十分にとれなくなるかもしれないので、食後に飲むといい、とのことだ。

ところで、たんぱく質というと、大豆などの「植物性たんぱく質」、肉などの「動物性たんぱく質」に分けられるが、藤田さんが筋肉を増やすためにお勧めするのは「動物性」だという。

「動物性のたんぱく質の利点は、アミノ酸が豊富で、バランスよく含まれているとい

ロイシンと筋トレがmTORを刺激して筋肉合成を促す

アミノ酸の一種であるロイシンの血中濃度が上昇したり、筋トレを行ったりすると、筋肉の合成を高める酵素であるmTORが細胞内で働くようになる

うこと。また必須アミノ酸の一種で、筋肉の合成を促す**ロイシン**が豊富なこともお勧めする理由のひとつです」（藤田さん）

ただし、動物性たんぱく質を摂取するために肉や魚を食べるときに注意したいのは、脂質のとり過ぎだ。藤田さんは、「赤身肉やカツオなど、できるだけ脂肪が少ないものを選ぶようにするといいでしょう」とアドバイスする。

これで筋肉を増やしたい人に最適なつまみが分かった。動物性たんぱく質が豊富で、脂質をとり過ぎないようにすればいいのだ。つまり、鶏のから揚げよりも鶏のグリル、マグロやカツオなどの赤身の刺身にすればよい。ささみの梅しそ巻き、だし巻き卵なども良いだろう。また、植物性たんぱく質でも、特に含有量が多い高野豆腐の煮物などはお勧めだという。

なお、筋肉を増やしたいというよりも、筋肉量は維持しつつダイエットしたいという人は、納豆や豆腐などの植物性たんぱく質をとると、脂肪の燃焼効果も期待できるという。

藤田さんによると、「たんぱく質だけでなく、筋肉の合成を促進する食べ物も一緒にとったほうがいい」とのこと。中でも「**ビタミンB**群と**ビタミンD**は積極的にとるべき」だという。

「ビタミンB群は運動後の疲労回復をサポートし、ビタミンDは筋肉の合成を促進します。これらは、意識して、たんぱく質と一緒にとってほしい栄養素です。また、ほかにも、ビタミンC、亜鉛、鉄、糖質、カルシウムなどをバランスよくとることが大切です」（藤田さん）

ビタミンB群のうちB_6は、アミノ酸の再合成を手助けする働きがあり、赤身の魚やささみに多い。ビタミンDは青魚などに多く、また日光を浴びることで体内で合成される。

筋トレラブの酒好きの多くは、「筋肉＝たんぱく質」という図式が頭にあるので、つい、ほかの栄養素をないがしろにしてしまいがちだ。また、体を絞りたいがために糖質制限をしている人もいるが、「糖質が不足すると、筋肉の分解につながるので注意してください」と藤田さん。筋トレで筋肉をつけたいなら、糖質もきちんととらなければならないのだ。

たんぱく質の効果的な摂取の仕方が分かったところで、食事以外の生活面で注意したいことについても聞いてみよう。

「お酒が好きな方へのアドバイスとしては、寝酒は極力控えてください、ということ。寝酒は睡眠の質を低下させ、夜中に目が覚めて逆に睡眠不足になったりします。睡眠不足になるとストレスホルモンが分泌され、筋肉を分解する働きが強まります」（藤田さん）

筋トレをはじめとする運動は睡眠の質を高めると言われているが、21時以降に運動すると交感神経が刺激され、なかなか寝付けなくなり、逆効果に。「夜に筋トレする場合は、20時くらいまでに終わらせるといいでしょう」と藤田さん。

また、習慣的に運動するハードルが高いのであれば、まずは日常生活の中で運動量を増やすことを意識するとよいそうだ。「エスカレーターではなく階段を使う、バス停ひとつ分歩くなど、ちょっと意識を変えるだけでも運動量は増えます」と藤田さん。

健康のために筋肉の重要性はいくら強調してもしきれない。できるだけ健康なまま酒を長く楽しむためにも、筋トレを取り入れてほしい。

健康効果というなぜ赤ワインなのか

「フレンチ・パラドックス」という言葉をご存じだろうか。フレンチ・パラドックスとは、フランス人は喫煙率が高く、バターや肉などの動物性脂肪の摂取量が多いのに、心疾患による死亡率が低い、という説を指す。フランスのルノー博士らによる、10万人を対象にした乳脂肪（動物性脂肪）及びワインの消費量と、虚血性心疾患（心筋梗塞・狭心症）の関係性の調査により、1990年代前半に明らかとなった。

この話を受けて、日本でも赤ワインの健康効果がメディアで取り上げられ、それまでは日本酒や焼酎一辺倒だった人も、赤ワインを口にするようになった。

赤ワインの健康効果は、豊富に含まれるポリフェノールのおかげだ。ポリフェノールはお茶などにも含まれているが、赤ワインの含有量は圧倒的。緑茶と比べると、赤ワインには実に6倍ものポリフェノールが含まれている。

そもそもポリフェノールは、植物が光合成によって生成する色素や苦味の成分で、活性酸素による酸化からカラダを守る抗酸化物質だ。ポリフェノールは5000以上の種類があり、赤ワインに含まれる代表的なものは、アントシアニン、レスベラト

ぶどうのポリフェノールは果皮と種子に多い

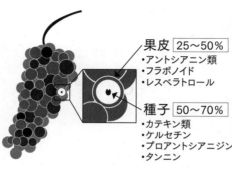

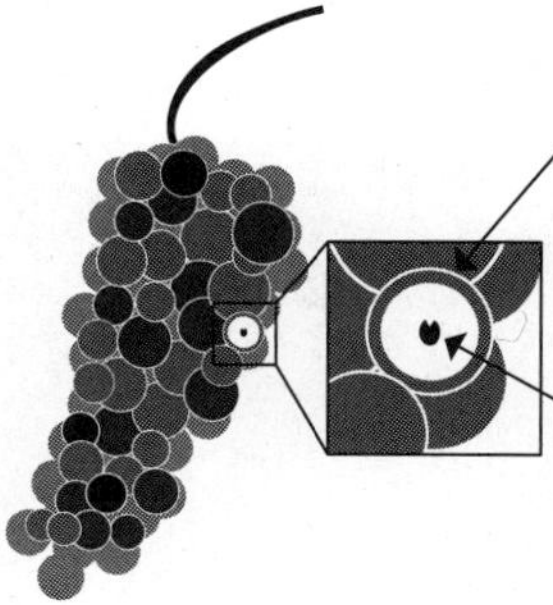

ロール、タンニンなどがある。

ぶどうには果皮と種子に多くのポリフェノールが含まれている。赤ワインは果皮、果汁、種子のすべてを加えて発酵させ、発酵を終えた後も特有の色や渋みを出すため、しばらくそのまま漬け込む。果皮と種子を除いて仕込む白ワインに比べ、赤ワインのポリフェノールが豊富なのは、こうした醸造法の違いが大きく影響している。

ちなみに、白ワインでも樽貯蔵したタイプはポリフェノール含有量が多いという。樽に使われる木からポリフェノールがワインに移る。カリフォルニアの白ワインのように樽の香りが強いものはポリフェノールが多く含まれるのだ。

第6章

酒と免疫

IMMUNITY AND ALCOHOL

IMMUNITY AND ALCOHOL

度数の高い酒は「免疫力」を下げる？

帝京大学特任教授
安部　良

酒はやはり免疫に悪影響を及ぼす

テレビをつけていたら、こんな会話が聞こえてきた。

「お酒飲むと『免疫力』が下がりますからね」

「そうそう、だからコロナ禍では飲まないほうがいいんですよ」

昔から「アルコールは免疫力を下げる」という話はよく耳にしていたが、コロナ禍だからこそ、話題になっていたようだ。

とはいえ、「これって事実なのだろうか？」と疑っていた。私事で恐縮だが、これだけ日々酒を飲んでいるにもかかわらず、ここ数年、風邪らしいものをひいたことがないし、還暦近くになっても大病、入院などは皆無。数値などで測定したわけではないが、免疫力は高いつもりでいる。そんなこともあって、「アルコールは免疫力を下げる」という説を今ひとつ信じたくなかった。

だがしかし、新型コロナウイルス感染症に関連して、酒を多く飲む人ほど肺炎にかかるリスクが高いという研究があると聞いた。飲酒量が増えると免疫に問題が起き、肺炎にかかりやすくなるというわけだ。

これが真実なのだとしたら、どのような仕組みでアルコールが免疫に悪影響を及ぼすのだろうか。免疫の仕組みを知らないまま、酒を飲み続けるのもちょっと怖い。そこで、帝京大学先端総合研究機構の特任教授で、免疫学を専門とする安部良さんに話を聞いた。

先生、アルコールは免疫に悪影響を及ぼすのでしょうか？

「はい。アルコールはヒトの免疫に対してさまざまな影響を与えます。ひとつ例を挙げると、**ウォッカ**のようにのどがチリチリするような**アルコール度数の高いお酒**は、のどの粘膜を傷つける恐れがあり、粘膜に傷がつくと免疫力は低下します」（安部さん）

なんと……。酒好きの中にはウィスキーやウォッカがもたらす、あのチリチリとした刺激がたまらないという方も少なくない。そのチリチリが粘膜を傷つけ、免疫にも問題を与えているとは知らなかった。
そして、のどの粘膜も免疫に関わっているとは。免疫とはよく聞く言葉だが、そもそもどのような仕組みなのかよく知らない。改めて免疫について基本的なことから教えてくれませんか。
「免疫の『疫』は病気のことを指します。疫から免れる、つまり免疫とは文字通り、病原体から体を守る防御システムということです」(安部さん)
ありがたいことに、私たちにはこの免疫が備わっているおかげで、新型コロナウイルスをはじめとするさまざまな病原体が体の中に侵入するのを防ぐことができ、また侵入を許した場合でも退治できる。そして、免疫による防御反応は「**3段階**」あるという。
「ウイルスなどの病原体は、3段階で撃退されます。第1段階は『**自然バリア**』と呼ばれ、皮膚や粘膜などが病原体の侵入を防ぎます。そして、万が一、侵入を許した場合は、次の第2段階である『**自然免疫**』で、マクロファージなどの食細胞が病原体をパクパクと食べてくれます。それでも退治できない場合、最後の第3段階『**獲得免疫**』で、その病原体に適した攻撃を繰り出します」(安部さん)
免疫による体を守るシステムは、このように非常に高度な仕組みで構成されている。

免疫は3段階

第1段階	自然バリア 皮膚、粘膜、汗、涙など	皮膚や、鼻・のど・気道などにある粘膜と、そこにある殺菌物質が病原体の侵入を防ぐ
第2段階	自然免疫 マクロファージや好中球などの食細胞	体内に侵入した病原体を食細胞が食べたり、殺菌物質を用いたりして排除する
第3段階	獲得免疫 T細胞、B細胞、NK細胞などのリンパ球	自然免疫を突破した病原体を、リンパ球が主体となり、抗体などを用いて排除する

それでは、この3つの段階のうち、どこにアルコールが影響を与えるのだろうか？

「実は、3段階いずれにも、アルコールが直接的な影響を与えます。ヒトの免疫にとって、お酒は好ましくないものなのです」（安部さん）

ショック……。誰か嘘だと言ってほしい。

免疫は3段階で機能する

3段階について、それぞれの詳しいメカニズムを教えてもらう。

「まず、第1段階の自然バリアは、体のさまざまな箇所にあり、大きく3つに分類されます。1つは涙、汗、唾液、尿などの『**物理的障壁**』です。また目には見えませ

病原体の侵入を防ぐ「自然バリア」は3種類

物理的障壁
- 密着結合している上皮細胞
- 汗、涙、唾液、消化物、尿の流れ
- 腸管の絨毛や気道の繊毛の運動

化学的障壁
- 皮脂（脂肪酸、乳酸、リゾチーム）
- 粘液（酵素、酸性物質、リゾチーム）
- 抗菌ペプチド（ディフェンシン）

微生物学的障壁
- 皮膚や腸の常在菌

んが、腸管にある絨毛《じゅうもう》、気道にある線毛《せんもう》もまた、体内へ侵入しようとする病原体を外へと押し出す運動を常にしています。風邪をひいて痰が出るのは、線毛の働きによるものです」（安部さん）

こう聞くと自分の汗や涙まですべて愛おしくなる。ほかにはどんなバリアがあるのだろう。

「2つ目のバリアは『**化学的障壁**』です。胃酸などの粘液に含まれる酵素や酸性物質、皮脂に含まれる脂肪酸や乳酸、また体の表面に存在する抗菌ペプチドがこれに当たります」（安部さん）

そして3つ目は「**微生物学的障壁**」。「これは、皮膚や腸などに存在する常在菌を指します。やたら顔を洗ったり、風邪をひいて少し具合が悪かったりすると抗生物質を飲んでしまう人がいますが、こうしたことを考えると『もったいない』と思いますよね。私自身、顔は洗い過ぎな

いようにしています」（安部さん）

風邪をひいて処方された抗生物質を飲んだのはいいが、下痢をしてしまうことがあるが、この現象により「ありがたい常在菌が減ってしまう」のだという。

「若い世代は自然バリアがしっかりしているため、病原体に強いのです。新型コロナを例にとっても分かるように、若い世代は感染しても重症化しにくいですよね。これは自然バリアがしっかり働いているためと考えられます。ただし個人差があるので、『若いから絶対に重症化しない』とは言い切れません」（安部さん）

汗や胃酸、常在菌などによって守備が固められている自然バリア。先ほど、ウォッカのようにアルコール度数の高い酒に注意したほうがいいと説明したのは、のどの粘膜にある自然バリアを壊してしまうからなのだ。

「免疫の第1段階である自然バリアの粘膜を傷めないよう、のどがチリチリするようなアルコール度数の高いお酒は、避けたほうが無難です。どうしても飲みたいなら、炭酸水や水などで割って飲むことをお勧めします」（安部さん）

免疫のためにも、高アルコールの酒の飲み方を一考しよう。

IMMUNITY AND ALCOHOL

酒で免疫機能が低下する恐ろしい仕組み

帝京大学特任教授
安部　良

酒を飲むと「マクロファージ」が〝混乱〟

ウォッカのようにのどがチリチリするようなアルコール度数の高い酒は、のどの粘膜を傷つけ、その結果、「免疫力」が低下する恐れがある。

免疫学が専門の帝京大学特任教授・安部良さんから、そのような恐ろしい話を聞いた。

人の免疫による防御反応は3段階あり、のどの粘膜は、皮膚などと同様にその第1段階の「**自然バリア**」としてウイルスなど病原体の侵入を防ぐものだ。

皮膚や粘膜のちょっとした傷や乾燥などがあると、病原体は自然バリアを突破して

「自然免疫」により炎症反応が起きる

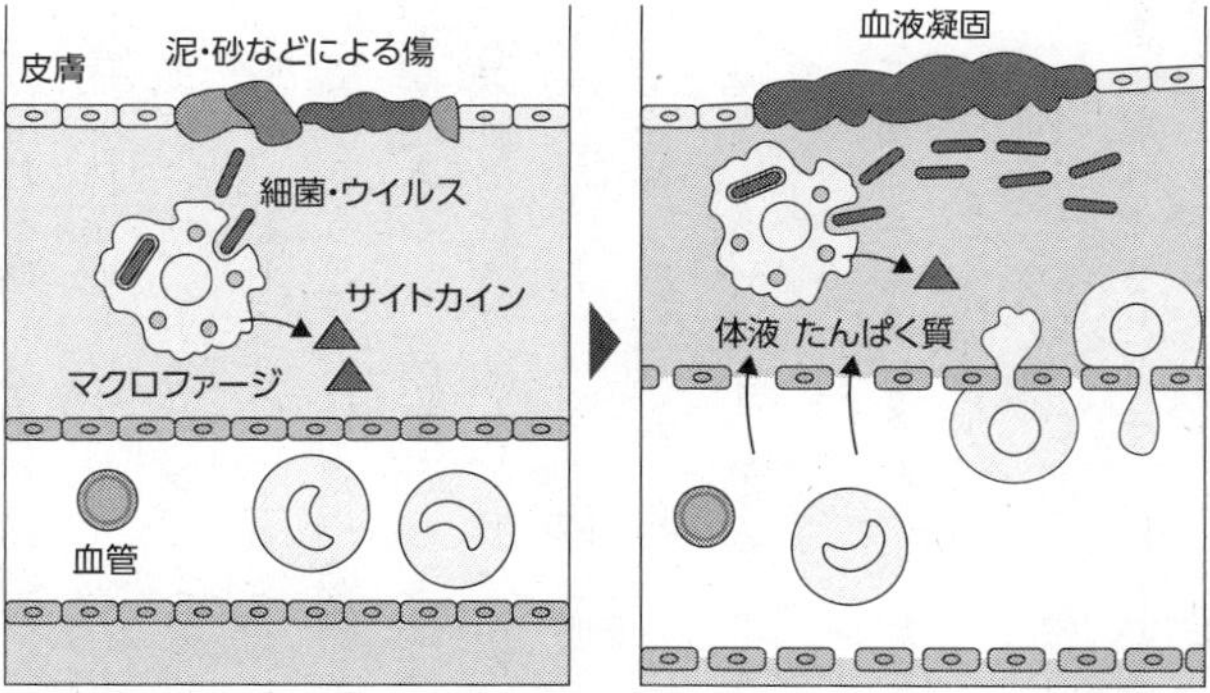

自然免疫では、侵入してきた病原体をマクロファージなどがその体に取り込み、死滅させる。また、放出されたサイトカインにより援軍が呼び込まれ、結果としてその部位に炎症が起きる。この図は皮膚の傷から病原体が侵入したときの例

体内に侵入する。アルコール度数の高い酒ものどの粘膜を傷つけてしまうので、飲むならば水や炭酸水などで割ってからにしたいものだ。

そして、第2段階である「**自然免疫**」と最後の第3段階「**獲得免疫**」についても、アルコールによる影響を受けてしまうのだという。その仕組みを、安部さんに解説してもらおう。

先生、病原体が第1段階の「自然バリア」を突破してきたら、次はどうなるのでしょう。

「次の第2段階である『自然免疫』が病原体をやっつけます。そこで大活躍してくれるのは、『**マクロファー**

ジ』と呼ばれる病原体をパクパクと食べてくれる食細胞です。マクロファージは自分の中に病原体を取り込んで死滅させるだけではなく、サイトカインという物質をまき散らします。サイトカインにより、血管内から好中球（白血球の一種）をはじめとする援軍が呼び込まれます」（安部さん）

そして、こうした自然免疫の働きにより、熱や腫れなどを伴う「炎症」が起きる。

「炎症が起きると、結果として病原体が弱ります。分かりやすく言うと、風邪をひくとのどが腫れたり、鼻水が出たりしますよね。あれはまさに、のどや鼻で炎症が起き、自然免疫の力によって病原体を退治しようとしているのです。ですから、既往症のある方や高齢者はさておき、若い方は自然免疫がせっかく働いているのですから、少しのどが痛いくらいで薬を飲んでしまうのは、もったいないと私は思いますね」（安部さん）

そして安部さんによると、アルコールはこの食細胞であるマクロファージにダメージを与えてしまうという。

「アルコールがマクロファージに直接働いて混乱させ、機能を低下させたり、働きを抑制させたりすると考えられています。特にだらだらと長い時間飲むほど、その作用は大きくなる傾向が強いと言われています」（安部さん）

酒飲みからすれば、この時点で恐怖を感じるのだが、まだほかにもある。「新型コロナウイルスをはじめとするウイルス感染の場合、サイトカインの一種である『I型インターフェロン』にまで影響を与えてしまうのです。I型インターフェロンは、ウイルスに感染した細胞の防御機構を活性化する働きがありますが、アルコールはI型インターフェロンの産生を抑制するといわれています」(安部さん)

新型コロナの脅威が騒がれているような状況で、ウイルスから身を守ってくれるI型インターフェロンにまで影響を与えるとなると、怖くてグラスを持つ手が止まってしまいそうだ(涙)。

獲得免疫は「最後の砦」だが、ここでもやはり…

では「最後の砦」ともいえる第3段階の免疫システムはどうなのだろう?

「自然免疫でも病原体が撃退できなかった場合に働くのが、免疫システムの最終兵器ともいえる『獲得免疫(適応免疫)』です。これはマクロファージのように常に体の中をパトロールしているものではありません。そのため、病原体の感染から数時間で自然免疫が活性化するのに対し、獲得免疫が活性化するのには数日間のタイムラグがあ

ります」（安部さん）

最終兵器というだけあって、そのシステムは実に巧妙かつ強力だ。

「まず、自然免疫として働く樹状細胞が病原体の情報をつかみ、それをリンパ球の一種であるT細胞へと渡します。**樹状細胞**はいわば〝スパイ〟のようなものです。病原体の情報を受けとった**T細胞**はその病原体に適した攻撃をするよう、さまざまな細胞に働きかけます。その中でも**B細胞**は優秀で、病原体を攻撃する『**抗体**』を作り出します」（安部さん）

自然免疫との大きな違いは、獲得免疫には「**免疫記憶**」があることだ。「免疫記憶とは、簡単に言うと、一度かかった感染症にかかりにくくなる、またはかかっても軽症で済むというものです」（安部さん）

樹状細胞はスパイで、T細胞は司令官で、B細胞が攻撃するミサイルを作り出す。目に見えないところで、私たちの体を守ってくれている高度なシステムがあるのだ。これだけ複雑で高度なのだから、「アルコールくらいへっちゃらなのでは？」と思いきや、そうもいかないらしい。

「自然免疫の段階で、マクロファージなどの働きがアルコールによって抑制されてしまうと、スパイ役の樹状細胞の働きが鈍ると言われています。またT細胞やB細胞を

はじめとするリンパ球に対し、アルコールが何らかの影響を及ぼすという動物実験のデータもあります」（安部さん）

なるほど、T細胞やB細胞などが働く高度なメカニズムの免疫も、アルコールの影響を逃れられないのだ。

残念ながら、免疫の防御システムの3段階すべてにアルコールが悪影響を及ぼすことが分かった。コロナ禍のように、感染症が流行する時期には、いつも以上に酒を控えたほうがいいのかもしれない。

欲望に身を任せ、酒を飲み過ぎて免疫力を落とし、ウイルスに感染してしまっては、元も子もなくなってしまう。

大好きな酒を悪者にしないためにも、今こそ酒の飲み方を見直し、自分の免疫を低下させないようにしたい。

IMMUNITY AND ALCOHOL

酒が免疫に及ぼすより深刻な2次的影響

帝京大学特任教授
安部　良

アルコールによる「2次的な影響」とは？

アルコールは人の免疫にさまざまな悪影響を及ぼす。

「単なるウワサであってほしい」と思っていたが、悲しいかな、真実であることが判明した。

私たちの体には、ウイルスをはじめとする病原体から身を守る、非常によくできた免疫のシステムが備わっている。「自然バリア」「自然免疫」「獲得免疫」という3段階で構成されるのだが、どの段階においてもアルコールは直接的に悪影響を及ぼしてしまう。

例えば、のどがチリチリするようなアルコール度数の高い酒は、自然バリアであるのどの粘膜を傷つけ、免疫を低下させてしまう。そして、自然免疫で活躍する、病原体を食べてくれるマクロファージは、アルコールによって機能が低下したり混乱したりする。さらに、獲得免疫で働くT細胞やB細胞などのリンパ球がアルコールから何らかの影響を受けるという動物実験の研究もあるという。

だが恐ろしいことに、帝京大学先端総合研究機構の特任教授で、免疫学を専門とする安部良さんは、このような直接的な影響だけでなく、「アルコールはさまざまな疾病につながり、それによる**2次的な免疫への影響**のほうがより深刻である可能性もある」と言う。いったいどういうことなのだろう?

「2次的な弊害とは、分かりやすく言うと、アルコールの慢性的な飲み過ぎ、おつまみの食べ過ぎによって、**糖尿病**や**動脈硬化**などの**生活習慣病**の罹患リスクが上がったり、**肝機能が低下**したりすることが、免疫にも悪影響を及ぼすということです」(安部さん)

確かに、酒を飲み過ぎたとき、アルコールが免疫システムに直接的に悪影響を及ぼしたとしても、それは一時的なもので、二日酔いがよくなっていくように、免疫システムのほうも次第に回復していくのかもしれない。それに対して、長年の飲酒により

アルコールが免疫に及ぼす“2次的”な影響

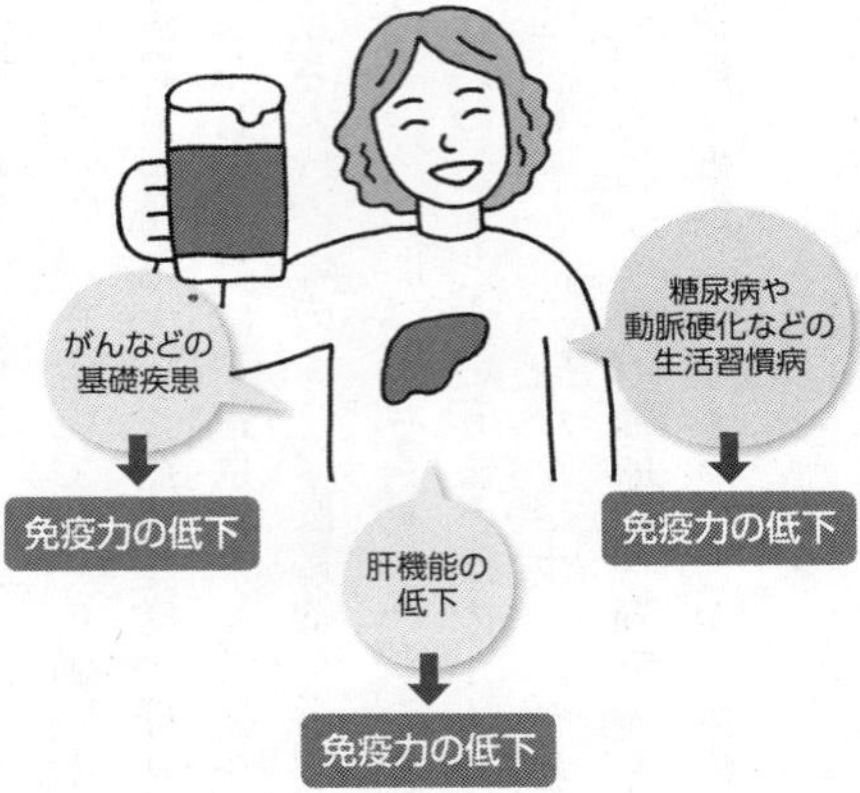

生活習慣病になってしまったら、今度は慢性的に免疫力を低下させることにつながる。

アルコールの飲み過ぎは糖尿病、高血圧、動脈硬化、肝臓の機能低下、がんなどを誘発する。こうした病気に罹患している人は免疫機能が低下していて、新型コロナウイルス感染症が拡大する状況においてリスクに直面したと言われている。ではいったい、どのような仕組みでこうした病気が免疫に影響を及ぼすのだろう？

「考えられるのは、『**血流**』です。糖尿病では高血糖により血液がドロドロになることで、また動脈硬化では血管が硬くなることで、血流が悪くなりま

す。血流が悪いと、必要な免疫細胞が、体の必要な場所へと届かなくなってしまうのです」（安部さん）

どんなに高度な免疫システムがあっても、「血流」という弱点があったとは……。近年、血管年齢の重要性が叫ばれているが、血管の状態や血流は免疫にも大きく影響しているようだ。それでは、肝臓の機能低下についてはどうだろうか。

「アルコールが肝臓で代謝されるとき、その過程でアセトアルデヒドが生成されます。大量の飲酒を続けていると、肝臓がアセトアルデヒドを分解しきれなくなり、今度はアセトアルデヒドによって肝臓の細胞が攻撃されてしまいます。これによって肝機能が低下し、免疫も落ちてしまうのです」（安部さん）

肝臓には、食事で得られた栄養を体が使いやすいように作り直し、必要に応じて供給する役割がある。この機能が低下すると、免疫細胞や抗体など、免疫システムに必要な要素が不足してしまう。また、アルコールや薬剤、体内で作られるアンモニアなどの有害物質を代謝するのも肝臓の役割だが、こうした働きが鈍って有害な物質がたまると、免疫細胞の機能に悪影響を及ぼすことも考えられるという。

「さらに、糖尿病や動脈硬化になると心臓の働きも悪くなります。心臓は血液を全身に送り出すポンプ。心臓の働きが悪くなると、さまざまな障害が体のあちこちに現れ、

血流も悪くなり、それがさらに免疫に影響を及ぼすのです」(安部さん)

免疫にダメージを与えない「ほどほど飲み」

話が進むにつれ、酒好きには耳が痛い内容ばかり……。

免疫を低下させないためにも、先ほど挙がった糖尿病や動脈硬化などのリスクを上げてしまうような飲み方は控えなければならない、というのは百も承知である。しかし「まったく飲まない」というのは、酒好きにとってかえってストレスになってしまう。何かいい方法はないのだろうか。

「おっしゃる通り、お酒好きの方にとって、断酒はかえってストレスになりますよね。ストレスは免疫に悪影響を及ぼしますので、飲み方に工夫をされるとよいと思います。免疫の第1段階である自然バリアの粘膜を傷めないよう、のどがチリチリするようなアルコール度数の高いお酒は避けるか、炭酸水や水などで割って飲むことをお勧めします。また、生活習慣病やがんなどのリスクを上げないためには、飲み過ぎないようにしましょう。休肝日も取り入れてほしいですね」(安部さん)

病気にならないためにも、もちろん多量飲酒の習慣は避けたい。適量といえば、純アルコール量で1日当たり20g、日本酒なら1合、ビールなら中瓶1本、ワインならグラス2杯程度だ。さらに安部さんは、こんなアドバイスもしてくれた。

「新型コロナウイルスによって家飲みが増えた方も多いと思うのですが、私はこれを機に飲み方をアップデートしてほしいと考えています。第一に、お酒をストレス発散のツールにしないということです。ストレス解消のために飲むと、どうしても酒量が増えてしまいますから。ストレスは運動など、お酒以外のことで発散するようにしましょう」(安部さん)

緊急事態宣言以降、家飲みが増え、人によってはこれまで以上に酒量が増えた方も多いのではないだろうか。また、生活様式の変化によって、ストレスが増大し、ついお酒に走ってしまう人も少なくないはず。しかし、出社する必要がなくなったので自由な時間が増え、ジョギングやウォーキングを始めたというポジティブな話もよく耳にする。

運動といえば、お酒に代わるストレス解消ツールとしてはもちろん、免疫機能をアップさせるのに効果的なのだろうか。

「その通りです。しかしあくまで適度な範囲にとどめておきましょう。というのも、運動することが『義務』となってしまうと、かえってストレスになってしまうからで

す。また激しい運動は免疫力を下げるというデータもあります」（安部さん）

そういえば、「アスリートは風邪をひきやすい」という話を耳にしたことがある。「激しい運動によって体にストレスがかかると、**コルチゾール**（副腎皮質ホルモン）というストレスホルモンが分泌され、これによって免疫が抑えられてしまう」と考えられているという。

「自分に合ったペースで継続できる、適度な運動を行うことが免疫にとってはいいのです。軽いウォーキング、エレベーターの代わりに階段を使うくらいでも十分です。ゆっくりとした動きのヨガもいい。私自身もやってみたいと思っています」（安部さん）

汗だくになるような激しい運動ばかりが運動ではない。要は「続けられること」が大切なのだろう。

生活面での注意すべき点を、さらに安部さんに教えていただいた。

「シャワーよりも、あまり熱くない38～40℃くらいの湯船にゆっくりつかると、ストレスも解消され血流も促されます。また十分な睡眠も欠かせません。ただし、寝つきをよくしようと、**寝酒**をあおるのは逆効果です。アルコールは眠りを浅くしてしまう作用があるからです」（安部さん）

そして我々酒飲みが気になるのが食事（つまみ）であろう。先生、免疫のために食べておいたほうがいいものはありますか？

「何か1つの食品ばっかりを食べるのはお勧めできません。なるべく数多くの食品から、たんぱく質、糖質、脂質、ビタミン、ミネラル、食物繊維を豊富に含むものなどをバランスよくとるといいでしょう。お酒飲みにはキツイかもしれませんが、塩辛いものは高血圧・動脈硬化につながるので、薄味を心がけましょう」（安部さん）

免疫細胞は毎日3～5％死滅すると言われている。新しい免疫細胞を作るためには、栄養が必要なのだ。

また安部さんは「ただし、生活習慣病をもたらす肥満を避けるためにも、食べ過ぎは厳禁」と付け加えた。さらに、血流を抑制してしまう喫煙もほどほどにしたほうがいいという。

酒は休肝日を取り入れつつ、適量を守り、栄養バランスの取れた食事を腹八分目でとる。ストレス発散のためにも適度な運動をして、よく寝る。ごく当たり前のことと思われるかもしれないが、これが免疫のためにいい生活習慣なのだ。

酒を飲んだ後の入浴はなぜ危険か

ある冬の寒い日、酔った状態で熱い風呂に入り、「命の危険」を感じる体験をした。異変を感じたのは湯船に浸かって5分ほどしてから。頭がカーッと熱くなった後、激しい動悸が起こった。慌てて湯船から出ようとして急に立ち上がった途端、今度はめまいに襲われた。俗に言う「ヒートショック」というやつだ。

ヒートショックには「血圧の変動」が大きく関わっている。変動の幅が大きいほど、危険な状態になるのだ。そもそも血圧は気温によって変動する。気温が高いと血圧は下がり、寒くなると上がる。そのため、寒い冬の入浴は、血圧のアップダウンが大きくなり、ヒートショックのリスクが高まってしまう。

特に高齢者で普段から高血圧の人は、動脈硬化が進んでおり、血管が傷んでもろくなっているので、急激な血圧の変動に対応できず、心筋梗塞や脳梗塞、あるいは脳出血などで重篤な症状に陥る危険性が高まってしまう。

一方で、アルコールは一時的に血圧を下げる。これにより、飲酒後の入浴は、血圧のアップダウンの変化の幅がより大きくなる危険性がある。飲酒後かつ寒い季節の入浴だと、より一層危険だ。また、飲酒後は、アルコールによって意識が朦朧《もうろう》としているため、危機管理能力も低下しており、これがさらに危険度を高めてしまう。

そのため、飲酒後すぐに入浴するのではなく、アルコールが完全に代謝された後で入浴したほうがいい。どうしてもその日のうちにさっぱりしたいのであれば、風呂に入るのではなく、ぬるめのシャワーで済ませるほうが安全だ。

ところで、アルコールは一時的に血圧を下げるが、だからといって飲酒が血圧にいいわけではない。むしろ逆で、酒を日頃から飲んでいる人ほど血圧が高くなる傾向がある。[*7] 1日当たりのアルコール摂取量に比例して血圧が高くなる研究結果になっている。血圧が気になるなら、飲む量にも注意しよう。

1日当たりのアルコール摂取量と血圧の関係

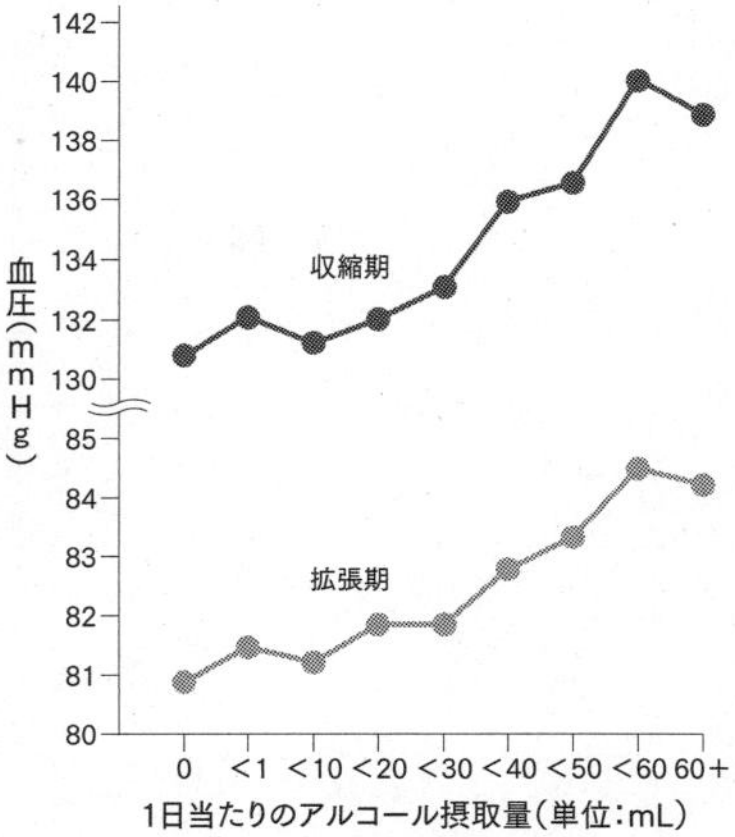

アルコールの摂取量が多いほど、血圧は高くなる。なお、ビール大瓶1本、ワイン2杯程度がアルコール30mLに相当する（出典：Circulation. 1989;80:609.）

第7章

依存症のリスク

RISK OF ALCOHOLISM

RISK OF ALCOHOLISM

医師が教える断酒・減酒のコツ

東京アルコール医療総合センター
垣渕洋一

「飲酒のデメリット」を認識すべし

コロナ禍を機に酒の飲み方を見直し、きっぱり酒をやめる「**断酒**」や、飲む量を減らす「**減酒**」を試みる人が増えた。

東京アルコール医療総合センター・センター長で、『「そろそろ、お酒やめようかな」と思ったときに読む本』（青春出版社）の著者、垣渕洋一さんは、「日本人はもともと、お酒が強くない人たちが一定の割合でいます。コロナ禍では『付き合いで飲む』ということがなくなったので、そういう方たちが飲むのをきっぱりやめたり、ほとんど飲まなくなったりした側面もあるでしょう」と指摘する。

外飲みがなくなったことで「自分はそんなに酒を飲まなくてもやっていける」ということに気づいた人もいるだろう。飲まなくなったことで体の調子も良くなり、健康診断の結果も良好になったことで「もうお酒はいいや」と思った人がいることは想像できる。

だが、我々のような酒好きは、コロナ禍になっても完全に酒を止めようとは思わなかった。「分かっちゃいるけどやめられない」というやつだ。

垣渕さんは、アルコール依存症のリスクを調べる「**AUDIT**」を試し、その結果が悪い場合は断酒や減酒を検討したほうがいいと言う（92ページ参照）。AUDITの結果は0～40点で示され、7点以下は「問題ない飲み方」、8～14点は「有害飲酒」、15点以上は「危険な飲酒」、20点以上「早急な治療が必要」だ。ちなみに私は12点だった。

「なかなかお酒をやめられない人は、往々にして飲酒のデメリットへの認識不足があります。日本では『**酒は百薬の長**』という言葉がいまだに信じられていることからも、その認識の甘さがよく分かります。まず、お酒は『**嗜好品**』ではなく、脳や体へ影響を及ぼす『**薬物**』であることを理解しましょう。アカゲザルを使った薬物の依存性の比較実験において、アルコールはモルヒネと同等の依存性があるというデータもあり

ます」（垣渕さん）

モルヒネは医師の指示のもとで使う薬物。そのモルヒネと「同等の依存性がある」と聞いてもなお、「お酒はコンビニでも買えるし」とつい軽視してしまいがちだ。そして、酒を飲んだときの多幸感が、そうした危険性すら一瞬にして忘れさせてしまう。

「その多幸感こそ、お酒がもたらすドーパミンの仕業です。ドーパミンとは中枢神経系に存在する神経伝達物質で、幸せな気分の素となる快楽物質です。お酒は少量でも効率よくドーパミンの分泌を促します。また、飲酒が習慣化し、ドーパミンによる快感に慣れてくると、飲んだときだけではなく、『今夜は飲み会だ』と思っただけでドーパミンが反射的に分泌されるようになるのです」（垣渕さん）

確かに「今夜は飲み会がある」と思うと、朝からウキウキした気分になる。適当なところで仕事を切り上げ、出かける準備を優先してしまう。酒飲みであれば、この気持ちがよく分かるはずだ。

依存症予備軍は約900万人

酒は「買いたい」と思ったときに、コンビニやスーパーで簡単に入手できる。しかも少量で効率よく脳への報酬であるドーパミンが分泌される。垣渕さんによると、このお手軽感こそが、気づかぬうちに危険な状態に陥ってしまう原因のひとつだという。
しかし、いくら手軽だといっても、そう簡単には完全なアルコール依存症と診断される状態にまではならないのでは、と思ってしまうのだが……。
「飲酒習慣に問題が起きてから、依存症になるまでの期間には個人差があります。若くして飲み始めた人ほど、早いうちに依存症になると言われています。中学生から飲み始め、大学生で依存症を発症し、20代で肝硬変になり、30代で入院する人もいます。また定年退職後に飲酒量が増え、70～80歳で発症する人もいます」(垣渕さん)
飲み始めて数年で依存症……。そんなケースがあることを聞くと、人ごとを決め込んでいるわけにはいかない。
「こうした例から言えるのは、どんな人でも、また何歳になっても依存症になるリスクはあるということ。私の勤務する病院にも、ごく普通の会社員で依存症を抱えている人が多数いらっしゃいます」(垣渕さん)
厚生労働省の調べによると、日本には「アルコール依存症」の人は約100万人いるが、垣渕さんによると「アルコール依存症疑い」の人が約300万人、「問題飲酒者」の約600万人を合わせた約900万人が依存症予備軍だという。

日本の依存症予備軍は約900万人

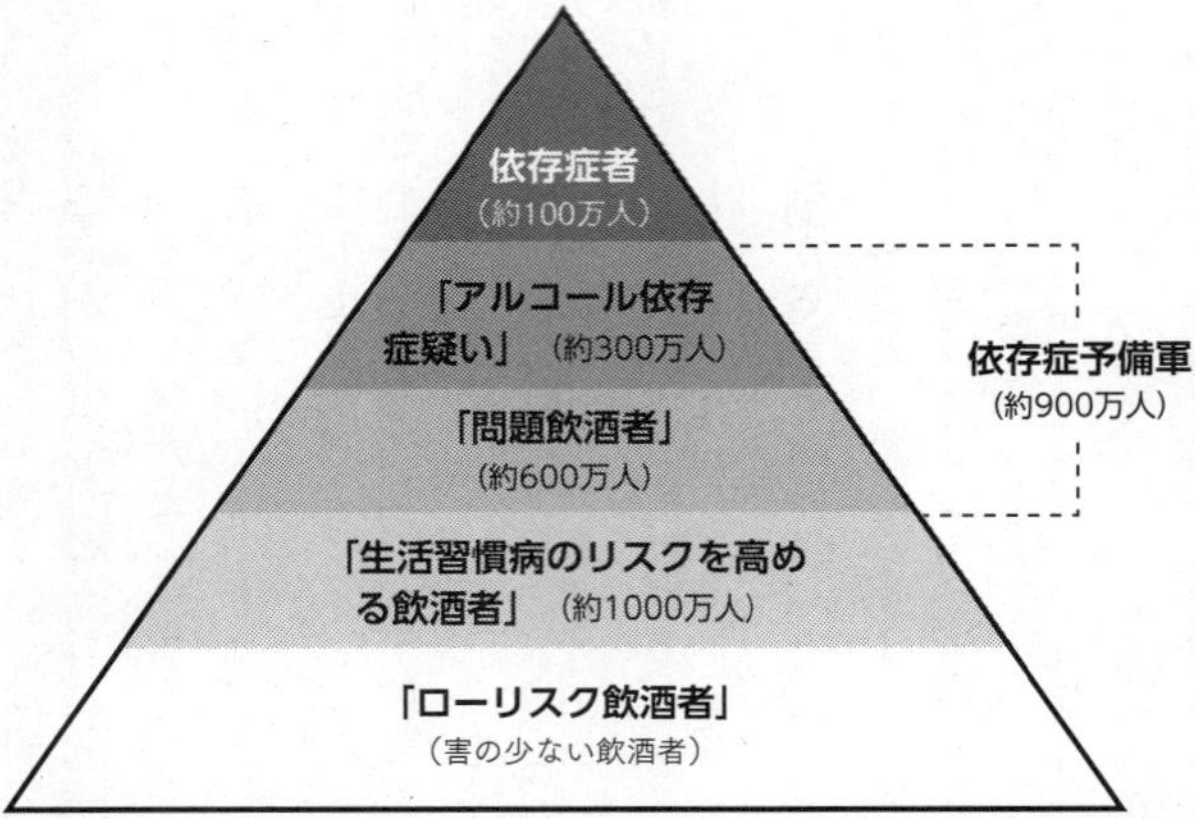

（出典：『「そろそろ、お酒やめようかな」と思ったときに読む本』）

飲む量を記録する「飲酒日記」をつけよう

では、具体的な断酒・減酒の方法を垣渕さんからご教示いただこう。

「断酒・減酒をしたい人は、とにかく明確で、無理のない目標を立てることから始めましょう。何となく今よりお酒を減らしてみる、というのではなく、肝臓や中性脂肪の数値をいくつまで下げる、体重を何キロ減らす、酒量を今の半分まで減らす、といった感じです。お酒を減らすことはあくまでも手段。その先にある酒による健康被害をなくすことが、そもそもの目的であることを忘れないようにしましょう」（垣渕さ

飲酒日記の例

日付	お酒の種類と量	状況	達成度
1日(月)	ビール500mL 1本	晩酌	○
2日(火)	飲まなかった		◎
3日(水)	ウイスキー（泥酔して量は思い出せず）	接待	×
4日(木)	二日酔いで飲む気になれず		◎
5日(金)	……	…	…

（出典：『「そろそろ、お酒やめようかな」と思ったときに読む本』）

ん）

健康を取り戻すという目的より前に、「酒量を減らすこと」を目的にしがちだ。そうなるとなかなか続かない。そこで活用したいのが、「**飲酒日記**」だ。

「断酒・減酒を継続して行っていくには、『**見える化**』が重要です。手帳にその日の飲酒量を書き込むシンプルな日記でもいいですし、パソコンのソフトやアプリを使うという手もあります。断酒・減酒の成果を可視化することによって、達成感を得ることができます。記録する際の注意点は、正確に書くことです。病院でもそうアドバイスしています。罪悪感からか、飲酒量を少なめに書いてしまう人もいますが、血液検査の結果や体重などの数値を見ると、結局飲んでいることがバレてしまいますね」（垣渕さん）

なお、日記には46ページで紹介した方法で純アルコール換算量を計算して記録するのもよい。

断酒・減酒は、ダイエットと通じるものがある。「数字は嘘をつかない」というのも同じだ。そして、これを継続していくためには、お酒に代わる報酬を用意してあげることも大事なのだという。

「お酒以外で、快楽物質のドーパミンを得られるものを見つけましょう。運動や甘いもの、コーヒーなどもいいですよね。誰かにほめてもらうのも非常にいい方法です。SNSなどで断酒・減酒仲間とゆるいつながりを持つと、断酒・減酒の様子を投稿することで、いいねがもらえるので続けるモチベーションになります」(垣渕さん)

確かにほめてもらうことは、モチベーションアップに即つながる。筆者自身、取材の際に減酒による体重減少を垣渕さんに報告したところ、「えらかったですね!」と満面の笑顔でほめてもらい、「もっと頑張ろう」と思えた。自分に合った報酬を見つけることができれば、継続できそうだ。

それでもやっぱり断酒・減酒は難しいと思ったら、アルコール外来の専門医の力を借りるという手もある。

「昨今、飲酒量を減らすことで酒害軽減を目指す外来を開設する医療機関が増えていて、敷居もだいぶ下がりました。病院ではAUDITによる評価、病歴、飲酒歴、家族構成などを伺った後、採血などの検査を行います。現在の状態が分かったところで、断酒か減酒かのご希望を聞き、アドバイスや治療を行っていきます。そして仕事や日常生活に支障が出ないように、飲むパターンを変えていきます。患者の方に医師が伴走するような形で、お酒の量を減らしていくのです」（垣渕さん）

アルコール依存症と診断された場合、減酒のための薬も処方してくれるという。

「私の病院では、飲酒量低減薬**セリンクロ**（一般名：ナルメフェン塩酸塩水和物）を処方することがあります。これは、お酒を飲む1～2時間前に服用すると、飲酒量が減らせるものです。副作用もありますが、合う方にとっては効果が大きいものです」（垣渕さん）

飲酒量低減外来は「1回診てもらったら終わり」ではなく、定期的に通院し、医師と相談しながら治療を進めていく。まさに伴走型の治療だ。時間も費用もかかるが、本気で断酒・減酒をしたいと思う人は一考する価値大である。

酒好きにとって、断酒・減酒は、人生の楽しみや生活の潤いを手放すようなもの。しかし手放した分、病気のリスク減少や健康、時間といった手に入るものもある。今は平均寿命も長くなり、人生100年と言われる時代だ。酒好きだからこそ、長く酒を楽しむために、まずは減酒という選択肢を考えてみてはどうだろうか。

RISK OF ALCOHOLISM

依存症リスクを高めない飲み方

筑波大学准教授
吉本　尚

酒を大量に冷やしておくのはやめよう

コロナ禍で飲酒量が増えたことに危機感を覚え、なんとか飲む頻度を減らそうと努力した。

その結果、「週に2回」でなんとか収まっている。

飲むときには、思いのほかやらかしてしまい、泥酔してしまうこともあるのだが、今のところトータルの酒量は抑えられている。

だが、いつリバウンドするとも限らない。なんとかこの状態をキープすることはできないだろうか。

そこで、筑波大学地域総合診療医学の准教授で、北茨城市民病院附属家庭医療センターのアルコール低減外来で診療もされている吉本尚さんに話を聞いた。

先生、早速ですが、家飲みが中心の場合、具体的に何が問題になることが多いでしょうか？

「やはり、たくさんのお酒を備蓄するのは問題ですね。身近にお酒があると、つい飲んでしまいますから。外出自粛の期間中は、そう買い物に行けないこともあってか、ビールやチューハイを箱買いする人が多かったと聞いています」（吉本さん）

私は、大容量5リットルの業務用ウイスキーを買ってしまったのをはじめ、「日本酒を応援！」と言い訳をしながら、好みの酒を購入しては備蓄していた。そんな話を何気なく吉本さんにすると、「あ、備蓄したお酒は冷やさないほうがいいですよ」とアドバイスされた。

「常温保存できて、冷やして飲むお酒は、全部冷蔵庫に入れるのではなく、少しずつ冷やすほうがいいでしょう。たくさんのお酒を冷えた状態にしておくと、『もう1本飲んじゃおうかな』となりがちです。目に入らない場所に保管するのもいいですね」（吉本さん）

確かに、冷蔵庫に酒がパンパンに入っていると誘惑が多い。酔っていると、理性が飛んでいるため、なおさらだ。以前は冷蔵庫とは別に日本酒セラーを使っていて、目に入るところに酒瓶がなかったので、何かのついでに飲んでしまうということはあまりなかった。やはり酒好きにとって、常に目がつく場所に酒を備蓄するのは危険なのだ。

さらに吉本さんは、ストロング系チューハイをはじめとする、高アルコール濃度で口当たりがよい酒の危険性についても注意を促した。

「**ストロング系チューハイ**はフルーツ系の甘さで口当たりがよく、お酒の弱い人でも飲めてしまう危険性を備えています。口当たりのよさでごまかされがちなのですが、アルコール度数9％で、500mLの場合は、アルコール量は36gにもなります。これ1本だけで、1日の適量といわれる20gをはるかに超えてしまいます」（吉本さん）

36g！　ジュースのようにすいすい飲めるのに、そんなにアルコールが入っていたとは驚きである。しかし「ビールに毛が生えた」くらいに考えている人も多く、知人はこれを備蓄し、週末になると5本空けると話していた。以前は違う酒を飲んでいたのだが、コロナ禍におけるお財布事情から、「安く酔える」ため酒を替えたのだという。

「安いお酒を大量に飲んで酔うのは非常に危険です。ストロング系チューハイ500mLを5本飲めば、アルコール度数15％のワインのフルボトル2本分のアルコー

ル量になります。安いお酒に替えるのではなく、今まで飲んでいたものを、量を減らして飲むことをお勧めします」（吉本さん）

確かに、ストロング系チューハイは、スーパーのプライベートブランドなら100円ちょっとで買えてしまう。「安く酔う」ことを目的とするのはかなり危険だ。

「沖縄のオリオンビールが2020年1月にストロング系チューハイの生産を終了したのをご存じでしょうか？　生産終了の時期はコロナ禍とは関係がないそうですが、今後は『健康志向に配慮した商品にシフトする流れ』だそうです。やはり、家飲みでストロング系チューハイを飲み過ぎてしまう危険性は認識してほしいですね」（吉本さん）

飲むことに罪悪感を覚えたら黄色信号

コロナ禍で酒量が増えたのは、家飲みが中心だっただけでなく、精神的な不安も原因だった。頭では飲み過ぎてはいけないと思っていても、不安をかき消すために酔って忘れようとしていた人もいるだろう。その気持ちは痛いほど分かるし、その不安は簡単に拭いとれるものではない。

「酒量が増え、**罪悪感**を持って飲むようになると、アルコール依存症に陥る危険性が高くなります。もし今、少しでも罪悪感があるなら、それはアルコール依存症に近い状態にあると考えたほうがいい。コロナ禍では、先が見えない不安や閉塞感もあいまって、いつも以上にメンタルに負担がかかっています。多量飲酒を続けることで、不安障害、うつ、気分の落ち込みが現れやすいのです」(吉本さん)

また、テレワークが推奨され、家にいる時間が長くなったことで、「家庭内の人間関係にも変化が現れている」と吉本さんは話す。

「メンタルが不安定なところに、家族が長い時間家にいることで、DVや離婚が増えたと聞いています。例えば、いつもならスルーできるオヤジギャグにイラッとしたり、ちょっとした言葉に反応してケンカになったり、ということがあるでしょう。熟年離婚といえば定年退職後の問題ですが、それがコロナによって前倒しになったのかもしれません」(吉本さん)

実際、DVや離婚は世界規模で増えた。フランスにおいては、外出禁止令が出された3日後に、DV対策を打ち出している。日本でも、全国の「配偶者暴力相談支援センター」に寄せられたDVの相談は1万3272件(2020年4月)で、前年同月に比べて約3割増えた。また中国の陝西省西安市では、2020年3月2日に再開された市内の離婚手続きの窓口が、予約でいっぱいになったという。

ヒマがあるから飲酒量が増える

しかし、我々のような酒好きにとって、「飲むな」と言われても、それはもう蛇の生殺しでしかない。先生、何かいい方法はないものでしょうか？

「お酒が好きな人にとって、お酒をやめることは難しいと思うので、まずは減らす方向で考えてみてはどうでしょう？　いの一番にやることは、ヒマを作らないことです。ヒマな時間があると、ついたくさん飲んでしまいますから。散歩やヨガ、ドラマを見るなどして時間をつぶし、晩酌の時間を短くするだけでも違いますよ」（吉本さん）

なるほど。晩酌の前後に何か時間がつぶせる活動を入れることで、酒を飲む時間を減らすということか。吉本さんのアドバイスを受け、私も夕食後にウォーキングをすることにした。飲み過ぎるとウォーキングどころではなくなるので、自然と酒量が抑えられ、なかなかいい感じである。

「私の患者さんのなかには、お酒を飲む前にご飯を食べてお腹をいっぱいにするという方もいます。満腹だとお酒があまり入らなくなるそうです。またお酒を飲む際に水を飲むことも有効です。水でお腹が膨れるだけでなく、血中アルコール濃度も下げられますし、さらにはアルコールによる脱水も防ぐことができます」（吉本さん）

確かに、満腹のときはそんなにたくさん飲めなくなる。すぐに実践できそうだ。

「コロナ禍のような時期、注意してほしいのが『HALT』です。これはアルコール依存症をはじめとする依存症の分野で使われる言葉で、Hungry（空腹）、Angry（怒り）、Lonely（孤独）、Tired（疲労）の頭文字をとったもの。これらは、お酒を飲みたくなる因子のことなんですね。ガマンを強いられることが多く、人とのつながりを制限されるコロナ禍は、これらが重なりやすい状況にあります。それを避けるためにも、SNSなどで友人とゆるいつながりを持つようにしましょう」（吉本さん）

ああ、これは本当によく分かる。コロナの影響で仕事がどんどんキャンセルになり、落ち込んでいたとき、家族や仕事仲間からのLINEでどんなに救われたことか。もしこうしたつながりがなかったら、悔しさを紛らわすため、酒に走っていたかもしれない。

ほかには、Zoomなどのオンライン飲み会で、友人とつながるという方法も、コロナ禍で広まった。しかし吉本さんは「オンライン飲み会はほどほどに」と言う。「緊急事態宣言のとき、政府が『飲み会はオンラインで』と言ったので、オンライン

オンライン飲み会で飲み過ぎに注意!

オンライン飲み会は一般的になったが、だらだらと飲んで飲み過ぎないように注意したい

飲み会が一般的になりました。つながりを持つという点では非常にいいと思うのですが、何も飲み会にしなくてもいいんですよね。お酒抜きの『オンライン語らい』でいいのではないでしょうか?」(吉本さん)

確かに、オンライン飲み会をやると、終電を気にしなくていいので、だらだらと飲み続けてしまうという問題もある。酒を飲まなくても楽しく語り合えばよいのだ。家での飲み方に問題ありという自覚がある人は飲み方を見直そう。

RISK OF ALCOHOLISM

なぜ20歳になるまで飲んじゃダメ？

久里浜医療センター
名誉院長
樋口　進

成人年齢が18歳になっても酒は20歳から

「あなたはいくつからお酒を飲み始めましたか？」

普通なら「20歳です」と答えるのが当たり前なのだが、私の周囲の酒好きは、そう答えない人がほとんどである。つわものになると「小学校に登校する前、コップ酒を飲んでから出かけた」「高校時代からスナックにボトルキープをしていた」なんていう人も。

私は、今だから正直に打ち明けると、やはり高校時代から友人宅に集まり、サワーやビールを飲んでいた。高校の卒業式の後は制服のまま歌舞伎町の居酒屋で「打ち上げ」をしていた。当時の周囲の大人も寛容だったので補導されることもなかった。大学時代は、18歳、19歳の未成年であっても、サークルの新入生歓迎コンパや合宿で飲むのは当たり前。同期の男子は「イッキ（一気飲み）」も普通で、救急車のお世話になっていた人も珍しくなかった。

法律では「お酒は20歳から」だが、当時の私たちにとって「高校卒業したら大人でしょ」という思い込みがあり、勝手に飲酒年齢を18歳に設定していたのだ。もちろん、大学や各々のサークルなどによっても温度差はあると思うが、私たちが学生の頃は、こういったことがごく普通のことだったと記憶している。これらは、もう時効なので書けることだが、SNS主流の今だったら大事件である。

そんな酒に寛容な時代を過ごしてきた私だが、この年になると自分の悪事も棚に上げ、「日本の将来を担う未成年に酒を飲ませるなんて！」と思うようになった。一気飲みなどによる急性アルコール中毒で若者が死亡する事故は、現在も毎年のように起こっている。こういったニュースを見ると、胸が痛くなる。私は酒関連の仕事をしているだけに、お酒が原因で人が亡くなるのは悲しい。お酒は楽しんでこそ、である。

誰もがご存じのように、未成年の飲酒は法律で禁じられている。今から100年近く前の1922年（大正11年）に「未成年者飲酒禁止法」という立派な法律が定められている。「法律だからきちんと守りましょう」ということになるが、中には「なぜ20歳なの？」と思う人もいるのではないかと思う。世界の酒事情に詳しい人なら、ヨーロッパなどでは16歳から飲める国があることをご存じかもしれない。「法律は20歳でも、実際問題18歳くらいになったらいいのでは？」などと思っている人も少なくないだろう。

一方で、民法が改正され、成人年齢が20歳から18歳に引き下げられた。しかし、飲酒（喫煙も）は20歳以上というのは変わらない。

なぜダメなのか、といわれれば「体に悪影響を及ぼす」ということになるが、正直なところ、どのくらい害になるのかをきちんと説明できる人は多くはないだろう。ここは、20歳未満の人が飲酒することで体にどのような弊害があるのかをきちんと確認しておかねばなるまい。そこで、未成年に対するアルコールの害や未成年の飲酒事情に詳しい久里浜医療センター名誉院長の樋口進さんに話を聞いた。

未成年の飲酒で脳が縮む！

先生、20歳未満の人がアルコールを飲むことで、どんな弊害があるのでしょうか。

「20歳未満の人の飲酒にはさまざまな弊害があります。特に脳に対する影響が最も研究されています。具体的には、**アルコールによる脳の神経細胞の障害作用は、20歳未満のほうが大きい**のです。記憶に関わる海馬に対するダメージは大きく、これによって記憶機能が低下する可能性があります」と樋口さんは話す。

「大量飲酒をした場合、まったく飲まない20歳未満と比較して、海馬の容積が明らかに小さいことも分かっています。[*1] これはアルコールによって海馬の神経細胞が死に、容積が小さくなったということです」(樋口さん)

樋口さんによると、大人の脳が完成するのは20歳前後なのだという。

「人間の脳は生後6歳までに大人の大きさの90~95%になります。脳内の細胞の成長のピークは男子が11歳、女子が12歳半ですが、20歳前後まで成長が続き、その後、成熟した脳へと変化していきます」(樋口さん)

なるほど、脳は20歳前後まで成長を続ける、だからこそ、20歳までの飲酒の影響は大きいのだ。若気の至りとはいえ、私は脳の成長が終わっていない時期に酒を飲んでいたのかと冷や汗が出るとともに、いくばくかの後悔が……。自分の記憶力のなさを年齢のせいにしていたが、もしかしたら未成年飲酒が関係しているのかも、と不安になる。

未成年の大量飲酒は脳萎縮を起こす

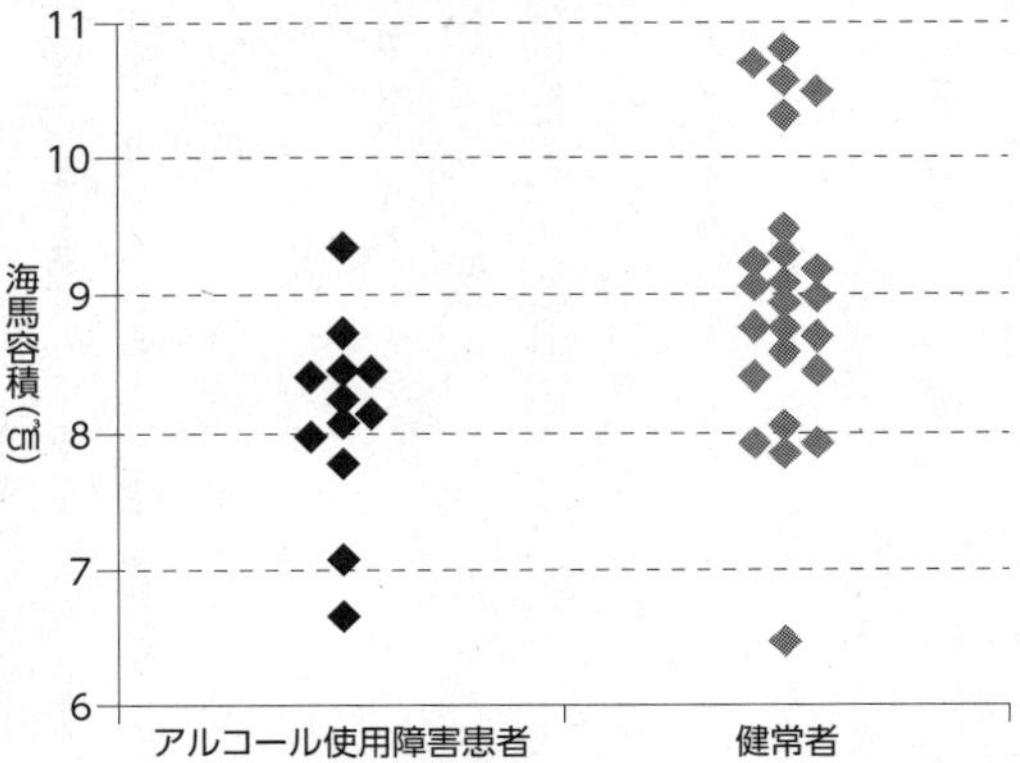

12人の未成年のアルコール使用障害患者（アルコールの飲み方に問題がある人）と24人の健常者で脳の海馬の容積を比較した。その結果、未成年のアルコール使用障害患者の海馬は健常者に比べて小さくなっていた（出典：Am J Psychiatry. 2000;157(5):737-744.）

さらに樋口さんは、未成年の飲酒は、血中アルコール濃度が上がりやすく、急性アルコール中毒のリスクが高まると警告する。

「20歳未満の人間に飲酒させることはできないため、人間を対象にしたデータはありませんが、動物を対象にした研究が多数あります。20歳未満に相当するラットと20歳以上に相当するラットに同量のアルコールを投与して比較した研究では、20歳未満のラットは20歳以上のラットより、血中アルコール濃度、脳内アルコール濃度が高くなり、

アルコールの分解速度が遅いという結果になりました。[*2] 人間においても同様の傾向になると推測されます」（樋口さん）

また一般的に「飲酒経験がないほど、脳が敏感に反応し、酔いの程度が強くなる」と樋口さん。自分の適量すら分からない若者は、酒のやめどきを知らない。急性アルコール中毒になるリスクは大いにある。

つまり、アルコールに関しては、「若いときに覚えておいたほうがいい」というわけではないのだ。お恥ずかしい話だが、「年齢が若い＝新陳代謝が良い＝アルコール分解能力がある」と思っていたが、20歳未満にはそのまま当てはめてはいけない。

体への影響はまだある。「20歳未満の飲酒は、性ホルモンのバランスにも影響します。未成年のうちに飲酒を続けると、男子ではインポテンツ、女子では月経の周期が乱れたりするリスクが高まります。また骨の発育が遅れるという報告もあります」（樋口さん）

かつてはお盆や正月に人が多く集まると、酔って子どもに酒を勧める親類がひとりはいたものだ。こうした話を聞くにつけ、子どもに酒を勧めたり、ヘタに興味をあおったりするのは改めて危険だと思う。

RISK OF ALCOHOLISM

未成年のうちから酒を飲むと早くに依存症になる

久里浜医療センター
名誉院長
樋口　進

飲酒開始年齢が早いほど依存症になりやすい

日本では、民放が改正され、成人になる年齢が20歳から18歳へと引き下げられた。にもかかわらず、飲酒は20歳以降のままだ。つまり、それだけ20歳未満の飲酒の害が大きいからなのだが、久里浜医療センター名誉院長の樋口進さんに聞いた話のなかで私が最も印象に残ったのは、「酒を飲み始める年齢が低いほど、**早いうちにアルコール依存症になってしまう**傾向がある」ということだ。

「疫学調査から、飲酒開始年齢が低いほど、成人になってから大量飲酒になりやすく、さらには短期間でアルコール依存症になりやすいことが分かっています。アメリカの

飲酒開始年齢が低いほど依存症になりやすい

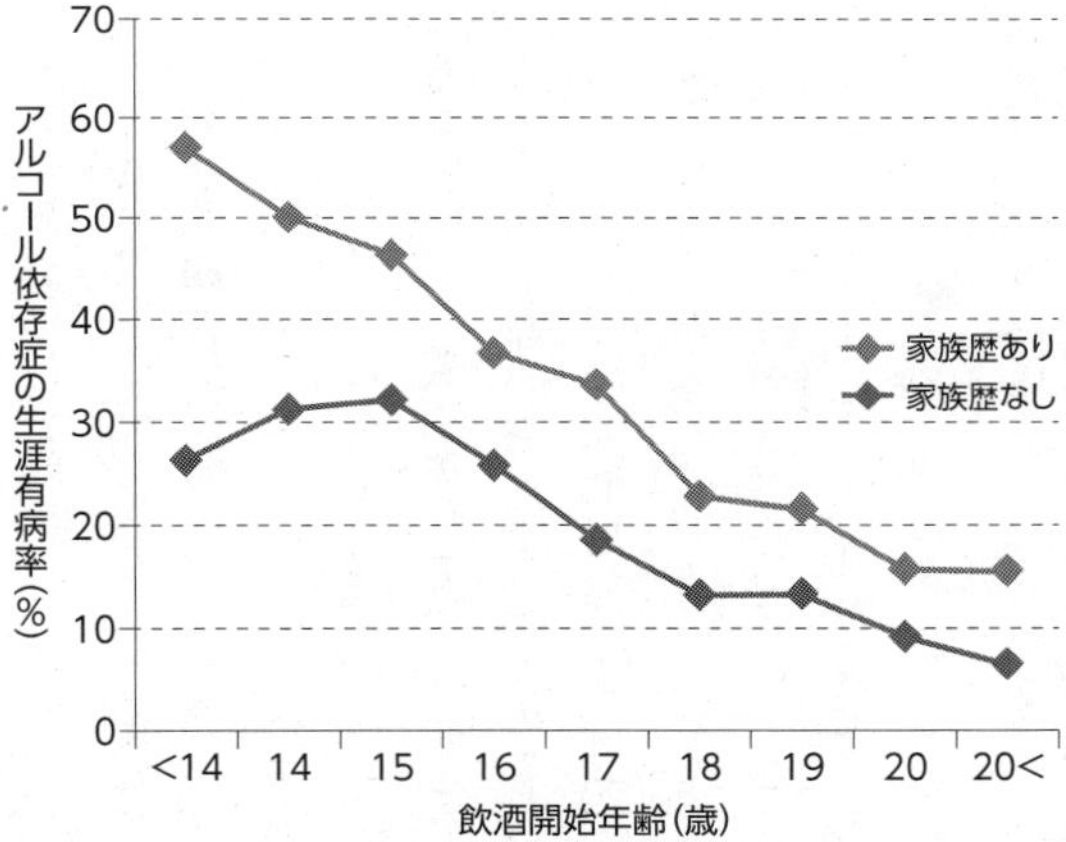

アメリカ在住の18歳以上の4万2862人を対象に、アルコール依存症の生涯有病率と飲酒開始年齢を調べた。飲酒開始年齢が早いほど、依存症の生涯有病率が高くなる傾向が見られた（出典：Alcohol Health Res World. 1998;22(2):144-147.）

4万2862人を対象とした調査では、飲酒開始年齢が低いほど、アルコール依存症の生涯有病率が高くなる傾向があるという結果が出ています*3」（樋口さん）

中学生の頃、冠婚葬祭時になると、酔っぱらった親戚のおじさんたちが「お前も飲むか？」と普通にビールを勧めてきた。だが、そうやって未成年のうちから飲酒の習慣がついてしまったら、将来依存症になってしまうリスクが高まるのだ。だから、そうやって未成年に酒を勧めるのは絶対にやめなくてはならない。

樋口さんによると、20歳未満の飲酒は心や行動にも大きく影響するという。

「20歳未満の飲酒は社会的逸脱行為を招きやすいことも知られています。未成年は成人に比べ、**飲酒による行動抑制がききにくい**のです。代表的なものが飲酒運転です。また、性的な問題行動に発展しやすいことも指摘されています」（樋口さん）

大学時代を思い出すと、確かに20歳未満で飲酒をした同級生はテンションマックスとなり、暴力行為を起こして警察のお世話になっていたっけ。「若さゆえの過ち」と笑えるうちはいいが、飲酒運転で事故などを起こしては、被害者の人生を破壊してしまうのはもちろん、若くして本人の人生も台無しになってしまう。

ところで、日本での飲酒可能年齢は20歳以上だが、実はこの年齢は国によって異なっているのをご存じだろうか。

各国の飲酒可能年齢を見てみると、ヨーロッパでは比較的低く、16歳から飲酒が認められている国もある。*4 **ドイツはビール、ワインなら16歳から許可されている**。ちょっと早いような気もするが、これはお国柄というものだろう。そして、アメリカは21歳となっている。

アメリカでは、一度飲酒可能年齢を18歳に引き下げたのだが、その後、**21歳**に戻している。

各国の法定飲酒年齢

ドイツ	ビール	16歳
	ワイン	16歳
	蒸留酒	18歳
イタリア、フランス、スペイン、オランダ、オーストラリア、ニュージーランド、ブラジル		18歳
ノルウェー	ビール	18歳
	ワイン	18歳
	蒸留酒	20歳
日本		20歳
アメリカ、エジプト		21歳

（出典：WHO「Global status report on alcohol and health 2018」を基に作成）

「アメリカでは、１９７０～75年にかけて29の州で飲酒可能年齢を引き下げました。引き下げの幅は州によって異なりますが、最も多かったのが21歳から18歳への引き下げです。しかし、この引き下げによって、年少者の飲酒運転による事故数や死亡者数が増加したという報告が多くあり、年少者の飲酒量が増えたという報告もありました。この結果を受け、アメリカでは、１９７０年代後半から１９８０年代初めにかけて、多くの州で飲酒可能年齢を21歳に戻したのです」（樋口さん）

飲酒可能年齢引き上げにより、これらの州で飲酒関連事故数の減少が報告された。

「そして、1984年には当時のレーガン政権が、飲酒可能年齢引き上げに抵抗する州の高速道路補助金の一部をカットする法律を制定したため、1988年までにすべての州で飲酒可能年齢が21歳に引き上げられました」(樋口さん)

若い人の飲酒は確かに減っているが…

私が高校生の頃は、未成年でも酒を飲むことがそれほど珍しくなかった。しかし最近は、若者が酒を飲まなくなっているという話も耳にする。先生、どうなのでしょうか?

「中高生の飲酒経験などを調査した結果によると、未成年の飲酒は減少傾向にあります。*5 例えば、1996年と2014年の中学生男子を比較してみると、飲酒経験は73・5%から25・4%と約3分の1に減っています。中学生女子、高校生男女も同様の傾向にあります」(樋口さん)

社会全体の啓蒙活動の成果か、未成年の飲酒そのものは減っているようだ。しかし「減っている」というだけで、「完全になくなった」わけではない。

「昨今はアルコール全体の消費量が落ちているのと、スマホやゲームなどレジャーの多様化の影響もあり、未成年飲酒はかなり少なくなりました。コンビニで年齢確認が必須になるなど、入手しにくくなっていることも影響していると考えられます。しかし家にアルコールが置いてあることで手を出してしまう未成年も少なくありません。先ほどの調査結果を見ると未成年の酒の入手経路は自宅がトップになっています」（樋口さん）

20歳になった大学生や新社会人は、飲み会などを通じて慣れない酒を飲むことになる。樋口さんは酒に慣れていない若い世代の飲み方について、こう注意喚起する。

「お酒に慣れていない若い世代は、自分の『適量』を知りません。そのため、いつのまにか適量を超えて飲んでしまうことも多い。またお酒に慣れていないため、アルコールの反応が高く出やすく、酔いやすい傾向にあります」（樋口さん）

飲む際の鉄則は、アルコール度数の低い酒を時間をかけて飲むこと、そして食事を食べながら飲むこと、そして水分もとること、だという。

「そして、一気飲みは危険です！　周りも勧めないことが大切です」（樋口さん）

若い世代と飲みたいという気持ちは分からなくはないが、ともするとそれはアルハラ（アルコールハラスメント）にもなりかねない。将来のある若い世代に酒の無理強いは禁物だ。

RISK OF ALCOHOLISM

高齢者のアルコール依存症が増えている

久里浜医療センター
名誉院長
樋口　進

なぜ高齢者に依存症が増加?

年を取ると酒に弱くなる。

薄々気がついていたが、これが事実であることを、久里浜医療センター名誉院長の樋口進さんから聞いた。

年を取ると肝臓の機能が落ち、アルコールを分解するスピードが落ちる。また、体内の水分量が低下することで、血中アルコール濃度が高くなりやすくなる。この2つの理由から、人は加齢とともに酒に弱くなっていく。

人生後半に入ってくると、アルコールの量は控えめにしなければいけないと、しみ

久里浜医療センターの受診者（アルコール依存症）の高齢者比率

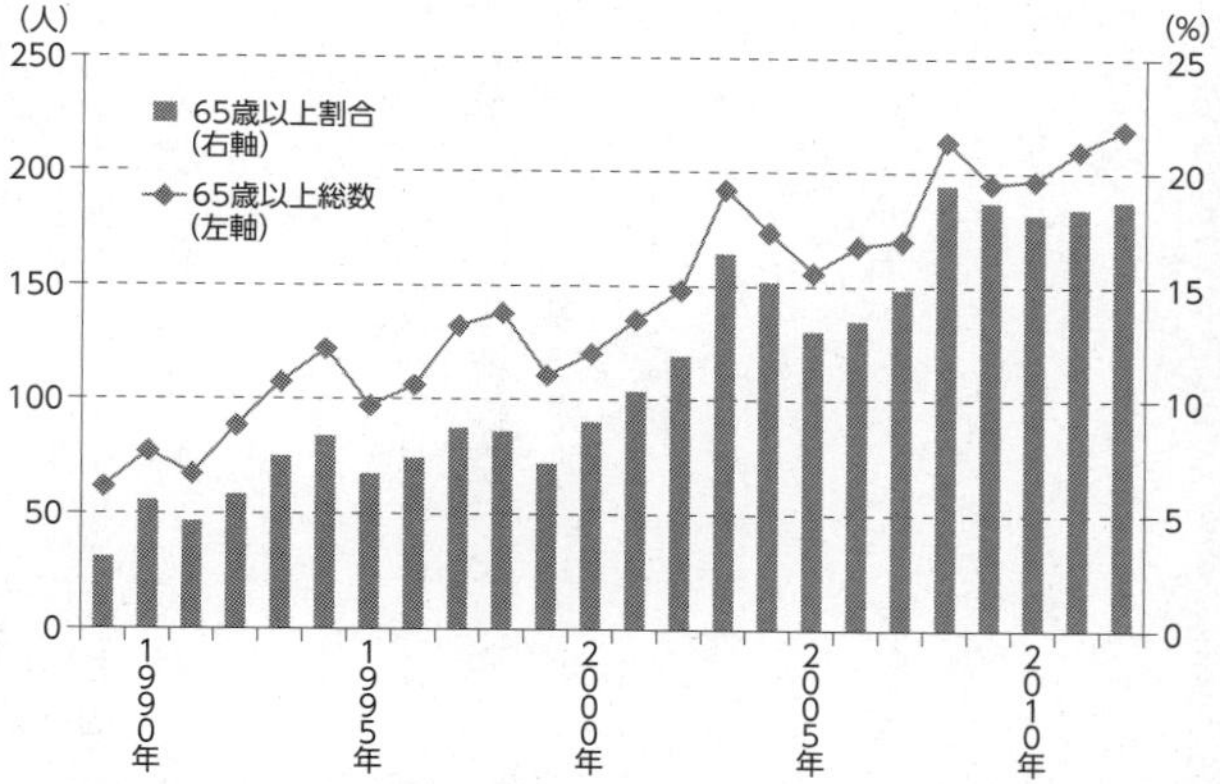

（出典：厚生労働省 障害保健福祉総合研究事業「精神障害者の地域ケアの促進に関する研究」、平成19年度研究報告書 樋口班のデータ）

じみ痛感させられる。しかし、このことをきちんと認識せずに、従来と同じ酒量を日々飲み続けてしまうと、確実に問題が起きるだろう。また、本人は控えめにしているつもりでも、実は年齢を考えると飲み過ぎだった、などということもありそうだ。

樋口さんによると、驚くべきことに、近年、**高齢者のアルコール依存症**の人が増えているという。久里浜医療センターの調査によると、アルコール依存症患者に占める高齢者の割合は右肩上がりで増えている。*6 また、少し古いデータになるが、久里浜医療センター以外の全国11の専門病院でのデータを見ても、同様の傾向が見て取れる。
「高齢者は、アルコールの分解速度が遅かったり、体内の水分量が少なかったりという理由で、少量の飲酒でも酔い方がひどくなりがちです。アルコール依存症の方の典型的な状態のひとつに『連続飲酒』といって、起きている間は飲酒を継続して、一日中アルコールが体内にあるような状態があります。実は、高齢者の場合は1日3合くらいを飲んだだけで同様の状態になることがあります。つまり、高齢者の場合は**少ない酒量でもアルコール依存症になりやすい**のです」（樋口さん）
もちろん、社会全体で高齢者が増えていることも、高齢者のアルコール依存症が増えていることの大きな要因だ。
「その上で、退職してやりたいことが見つからずアルコールに走ってしまうケースもあります。実際『ベビーブーマー』と呼ばれる団塊の世代の定年退職が始まった2000年代の前半から半ばに、高齢者のアルコール依存症の患者が増えました。こういった方々がみんな大量に飲んでいるわけではありません。繰り返しになりますが、少ない量でも依存症になることが多いのです」（樋口さん）
樋口さんによると、高齢者になってからアルコール依存症になった人は、QOL（生活の質）が急激に下がるという。生活がだらしなくなる、転んでけがをする、家族に向かって大声を上げるなどして、家族から見放されてしまうケースも少なくない。

だが、その一方で樋口さんは「高齢者のアルコール依存症は**改善する確率が高い**」とも指摘する。つまり、高齢者は依存症になりやすいが、そこから抜け出しやすいのだ。

樋口さんは、明確な理由は分からないとしながらも、「退職して社会とのつながりが希薄になるので、会社の飲み会など『飲まなくてはいけないシーン』が減るのも理由のひとつでしょう。人生経験が長く、若い世代よりご自分の行動を律するのがうまくなるのかもしれません。シニアのアルコール依存症の方を抱えるご家族は決してあきらめないでほしいですね」（樋口さん）

実際、私の周囲でも70歳を過ぎ、パートナーをいきなり亡くし、寂しさからアルコール依存症に近い状態になった高齢者がいる。彼女は若い頃から酒を飲んでいたが、パートナーを亡くして以来、酒量が増え、夜中に大声を出したり、暴言を吐くようになったりした。しかし、身内の懸命な介護で断酒し、今は普通の生活を送っている。

人生100年時代と言われる中、高齢者の飲酒問題は、ぜひ知っておきたい。

酒乱かどうかの決め手は「記憶の飛び」

酒が入ると、性格が一変する「酒乱」。テンションが上がって宴会が盛り上がる「いい酒乱」もいる一方で、度を越して傍若無人な振る舞いをして大きな問題になるケースもある。

酒を飲み、血中のアルコール濃度が上がると、私たちの脳では何が起こるのだろうか。影響は、まず大脳新皮質に現れる。大脳新皮質は、理性を司り、人間の高度な精神活動の源となる部位だ。この大脳新皮質がアルコールで「麻痺する」ことで、抑制していた喜怒哀楽の感情がストレートに出てしまう。

酒乱と呼ばれる人、あるいはその可能性がある人にしばしば起こるのが「ブラックアウト」である。いわゆる「酩酊して、記憶が消えてしまう」状態のことだ。

このブラックアウトの経験の有無が、その人が「酒乱」の可能性があるかどうかを判断する大きな材料になる。酒を飲んだときに記憶が消えた経験がある人は、酒乱の素質があるといえるのだ。

ブラックアウトは、アルコールの血中濃度の急速な上昇と関係していることを示唆する研究報告がある。空腹時に酒を飲んだり、アルコール度数の強い酒を一気に飲んだりするとブラックアウトを起こしやすくなる。血中アルコール濃度が0・15%程度を超えると起こりやすくなるようだ。

ブラックアウトは、脳の中にある記憶を司る「海馬」との関わりが深いと考えられている。ブラックアウトの特徴は、本人には記憶がないのに、周囲から見ると普通に行動していると思われること。アルコールの脳内濃度が一定以上になると海馬の神経細胞がその働きを失い、記憶を脳の中で形成することができなくなる。その状態がブラックアウトなのだ。

海馬は大変な状況になっているのに、脳内では空間的な認識を司る中枢部分や言語中枢は働いているため、普通に会話したり、家に帰ったりもできる。

アルコールを慢性的に飲むことによって、海馬における記憶形成と保存のメカニズムが阻害されることも分かってきた。普段、ブラックアウトを頻繁に起こしている人は、記憶力そのものが徐々に低下する可能性があると言えるので、注意が必要だ。

おわりに

酒に関わる仕事をしているが、実は私の両親はともに下戸だった。

私自身も、もともとはそんなに飲めない体質だったのだろう。だが社会人になってからほぼ毎日酒を飲むようになると、日本酒を一升飲めるほどにまでなった。俗に言う「鍛えて強くなった」くちだ。

といっても、記憶をなくしたり、二日酔いになったりするのはざらで、生傷も絶えなかった。そんなひどい飲み方をしていたのに、健康診断の結果は常に良く、体重を気にすることもなかった。20代のうちは。

30代半ばから徐々に体重が増え始め、50代に突入してから体重は人生最高を記録した。なぜか肝臓の数値は相変わらず良かったが、若い頃と同じように飲んだり食べたりしていると、その報いが正直に健康診断の数値に表れるようになった。

そんなとき、新型コロナウイルス感染症の拡大という、とてつもなく大きな災害が降りかかってきた。緊急事態宣言の発令により強いられたステイホームで、酒を飲む量が増え、5リットル入りの業務用ウイスキーがあっという間に空になった。そんな矢先に逆流性食道炎と診断された。

だが、「酒と健康」をテーマに取材を続けていたおかげで、専門家のアドバイスのもと飲酒量を適度に減らすことができた。すると、体調が目に見えて変わり、体重と体脂肪はともに減り、中性脂肪も基準値に収まるようになった。逆流性食道炎も完治し、頭皮や肌の調子まで良くなった。

変わったのは体調面だけではない。ダラダラと惰性で酒を飲まなくなり、酒を料理とともに時間をかけて楽しむようになったのは大きな成果だ。

この本を手に取ってくださった方の中には、私と同様に刹那的に酒を飲んできた人も少なくないのではないだろうか。

しかし、今や人生100年時代であり、先の長い人生を考えると、健康で飲める「飲酒寿命」をできるだけ延ばすことこそが、幸福度を高めることにつながる。そのために本書を活用していただけたら本望である。

参考文献

第1章

＊1　厚生労働省e－ヘルスネット「アルコール酩酊」
(https://www.e-healthnet.mhlw.go.jp/information/dictionary/alcohol/ya-020.html)

＊2　厚生労働省e－ヘルスネット「二日酔いのメカニズム」
(https://www.e-healthnet.mhlw.go.jp/information/alcohol/a-03-005.html)

＊3　“Alcohol consumption and all-cause and cancer mortality among middle-aged Japanese men: seven-year follow-up of the JPHC study Cohort I. Japan Public Health Center” S Tsugane, M T Fahey, S Sasaki, S Baba. Am J Epidemiol.1999;150:1201-7.

＊4　“Meta-analysis of alcohol and all-cause mortality: a validation of NHMRC recommendations” C D Holman, D R English, E Milne, M G Winter. Med J Aust. 1996;164(3):141-145.

＊5　“Alcohol use and burden for 195 countries and territories, 1990-2016: a systematic analysis for the Global Burden of Disease Study 2016” GBD 2016 Alcohol Collaborators. Lancet. 2018 Sep 22;392(10152):1015-1035.

＊6　“Alcohol intake and risk of incident gout in men: a prospective study” H K Choi, K Atkinson, E W Karlson, W Willett, G Curhan. Lancet. 2004 Apr 17;363(9417):1277-81.

＊7　「民間薬および健康食品による薬物性肝障害の調査」恩地森一ら 肝臓 2005;46(3):142-148

第2章

＊1　環境省「熱中症環境保健マニュアル２０１８」
(https://www.wbgt.env.go.jp/heatillness_manual.php)

＊2　NHK「きょうの健康」２０２１年11月９日放送より

＊3　厚生労働省ｅ－ヘルスネット「ＡＵＤＩＴ」
(https://www.e-healthnet.mhlw.go.jp/information/dictionary/alcohol/ya-021.html)

＊4　"The relationship between blood alcohol concentration (BAC), age, and crash risk" R C Peck, M A Gebers, R B Voas, E Romano. J Safety Res. 2008;39:311-319.

＊5　"Alcohol ingestion impairs maximal post-exercise rates of myofibrillar protein synthesis following a single bout of concurrent training" E B Parr, D M Camera, J L Areta, L M Burke, S M Phillips, J A Hawley, V G Coffey. PLoS One. 2014 Feb 12;9(2):e88384.

第3章

＊1　"Light to moderate amount of lifetime alcohol consumption and risk of cancer in Japan" M Zaitsu, T Takeuchi, Y Kobayashi, I Kawachi. Cancer. 2020;126(5):1031-1040.

＊2　"Alcohol use and burden for 195 countries and territories, 1990-2016: a systematic analysis for the Global Burden of Disease Study 2016" GBD 2016 Alcohol Collaborators. Lancet. 2018 Sep 22;392(10152):1015-1035.

＊3　"Effect of alcohol consumption, cigarette smoking and flushing response on esophageal cancer risk: a population-based cohort study (JPHC study)" S Ishiguro, S Sasazuki, M Inoue, N Kurahashi, M Iwasaki, S Tsugane, JPHC Study Group. Cancer Lett. 2009 Mar 18;275(2):240-6.

＊4 国立がん研究センター「最新がん統計」(https://ganjoho.jp/reg_stat/statistics/stat/summary.html)

＊5 "Alteration of oxidative-stress and related marker levels in mouse colonic tissues and fecal microbiota structures with chronic ethanol administration: Implications for the pathogenesis of ethanol-related colorectal cancer" H Ohira, A Tsuruya, D Oikawa, W Nakagawa, R Mamoto, M Hattori, T Waki, S Takahashi, Y Fujioka, T Nakayama. PLoS ONE. 2021;16(2):e0246580.

＊6 "Ecophysiological consequences of alcoholism on human gut microbiota: implications for ethanol-related pathogenesis of colon cancer" A Tsuruya, A Kuwahara, Y Saito, H Yamaguchi, T Tsubo, S Suga, M Inai, Y Aoki, S Takahashi, E Tsutsumi, Y Suwa, H Morita, K Kinoshita, Y Totsuka, W Suda, K Oshima, M Hattori, T Mizukami, A Yokoyama, T Shimoyama, T Nakayama. Scientific Reports. 2016;6:27923.

＊7 "Alcohol consumption and breast cancer risk in Japan: A pooled analysis of eight population-based cohort studies" M Iwase, K Matsuo, Y N Y Koyanagi, H Ito, A Tamakoshi, C Wang, M Utada, K Ozasa, Y Sugawara, I Tsuji, N Sawada, S Tanaka, C Nagata, Y Kitamura, T Shimazu, T Mizoue, M Naito, K Tanaka, M Inoue. Int J Cancer. 2021 Jun 1;148(11):2736-2747.

＊8 国立がん研究センター「がん種別統計情報 乳房」(https://ganjoho.jp/reg_stat/statistics/stat/cancer/14_breast.html)

＊9 厚生労働省 e－ヘルスネット「飲酒のガイドライン」

(https://www.e-healthnet.mhlw.go.jp/information/alcohol/a-03-003.html)
＊10 国立がん研究センター「がんのリスク・予防要因　評価一覧」
(https://epi.ncc.go.jp/cgi-bin/cms/public/index.cgi/nccepi/can_prev/outcome/index)

第4章

＊1 "Epidemiology and clinical characteristics of GERD in the Japanese population" Y Fujiwara, T Arakawa. J Gastroenterol. 2009;44(6):518-534.
＊2 「胃食道逆流症（ＧＥＲＤ）診療ガイドライン」
(https://www.jsge.or.jp/guideline/guideline/gerd.html)
＊3 「胃食道逆流症（ＧＥＲＤ）ガイドＱ＆Ａ」
(https://www.jsge.or.jp/guideline/disease/gerd_2.html)

第5章

＊1 文部科学省「食品成分データベース」
(https://fooddb.mext.go.jp/)
＊2 "Alcohol Consumption and Obesity: An Update" G Traversy, J P Chaput. Curr Obes Rep. 2015; 4(1): 122-130.
＊3 欧州国際肥満学会のニュースリリース
(https://www.eurekalert.org/news-releases/605322)

＊4　文部科学省「日本食品標準成分表（八訂増補２０２３年版）」
(https://www.mext.go.jp/a_menu/syokuhinseibun/mext_01110.html)

第6章

＊1　"Smoking, alcohol consumption, and susceptibility to the common cold" S Cohen, D A Tyrrell, M A Russell, M J Jarvis, and A P Smith. Am J Public Health. 1993;83:1277-83.

＊2　"Intake of wine, beer, and spirits and the risk of clinical common cold" B Takkouche, C R Méndez, R G Closas, A Figueiras, J J G Otero, M A Hernán. Am J Epidemiol. 2002:155;853-8.

＊3　"Frequent alcohol drinking is associated with lower prevalence of self-reported common cold: a retrospective study" E Ouchi, K Niu, Y Kobayashi, L Guan, H Momma, H Guo, M Chujo, A Otomo, Y Cui, R Nagatomi. BMC Public Health. 2012;12:987.

＊4　国際医療福祉大学ニュースリリース
(https://www.iuhw.ac.jp/news-info/pdf/20220126.pdf)

＊5　"Alcohol and the risk of pneumonia: a systematic review and meta-analysis" E Simou, J Britton, J L Bee. BMJ Open. 2018; 8(8): e022344.

＊6　"The Effect of Alcohol Consumption on the Risk of ARDS: A Systematic Review and Meta-Analysis" E Simou, J L Bee, J Britton. Chest. 2018;154(1):58-68.

＊7　"Dietary alcohol, calcium, and potassium. Independent and combined effects on blood pressure" M H Criqui, R D Langer and D M Reed. Circulation.1989;80:609.

第7章

＊1 "Hippocampal volume in adolescent-onset alcohol use disorders" M D De Bellis, D B Clark, S R Beers, P H Soloff, A M Boring, J Hall, A Kersh, M S Keshavan. Am J Psychiatry.2000;157(5):737-744.

＊2 "Developmental changes in alcohol pharmacokinetics in rats" S J Kelly, D J Bonthius, J R West. Alcohol Clin Exp Res. 1987;11(3):281-286.

＊3 "The impact of a family history of alcoholism on the relationship between age at onset of alcohol use and DSM-IV alcohol dependence: results from the National Longitudinal Alcohol Epidemiologic Survey" B F Grant. Alcohol Health Res World. 1998;22(2):144-147.

＊4 WHO "Global status report on alcohol and health 2018" (https://www.who.int/publications-detail-redirect/9789241565639)

＊5 厚生労働科学研究「未成年者の喫煙・飲酒状況に関する実態調査研究」(https://www.gakkohoken.jp/files/theme/toko/2010kitsueninshu.pdf)

＊6 厚生労働省 障害保健福祉総合研究事業「精神障害者の地域ケアの促進に関する研究」平成19年度研究報告書 樋口班のデータより

取材先一覧 登場順

浅部《あさべ》 伸一《しんいち》（取材先・監修者）

東京大学医学部卒業、東大病院・虎の門病院・国立がんセンター等での勤務後アメリカに留学。帰国後は、自治医科大学附属さいたま医療センター消化器内科講師・准教授。その後、製薬会社に転じ、新薬開発等に携わっている。実地医療に従事するとともに、肝臓やお酒に関する記事・書籍等の監修・執筆やがんの予防・最新治療についての講演も行っている。医学博士、消化器病専門医、肝臓専門医。著書に『長生きしたけりゃ肝機能を高めなさい』など。お酒が好きで、日本酒・ワイン・ビールなど幅広く楽しんでいる。アシュラスメディカル株式会社所属。

樋口《ひぐち》 進《すすむ》

独立行政法人国立病院機構 久里浜医療センター 名誉院長・顧問

1979年東北大学医学部卒業。慶應義塾大学医学部精神神経科学教室に入局、1982年国立療養所久里浜病院（現・国立病院機構久里浜医療センター）勤務。1987年同精神科医長。1988年米国立衛生研究所（NIH）留学。1997年国立療養所久里浜病院臨床研究部長。副院長、院長を経て、2022年から現職。WHO物資使用・嗜癖行動研究研修協力センター長、WHO専門家諮問委員（薬物依存・アルコール問題担当）、国際アルコール医学生物学会（ISBRA）前理事長、国際行動嗜癖研究学会（ISSBA）理事、アジア太平洋アルコール・嗜癖研究学会（APSAAR）事務局長。

吉本《よしもと》 尚《ひさし》

筑波大学健幸ライフスタイル開発研究センター センター長

筑波大学医学医療系 地域総合診療医学 准教授／附属病院 総合診療科

2004年筑波大学医学専門学群（当時）卒業。北海道勤医協中央病院、岡山家庭医療センター、三重大学家庭医療学講座を経て、2014年から筑波大学で勤務。東日本大震災を契機に「WHOのアルコール関連問題のスクリーニングおよび介入に関する資料」を翻訳するなど、アルコール問題に本格的に取り組み始める。アルコール健康障害対策基本法推進ネットワークの幹事として、プライマリ・ケアを担当する立場からアルコール対策に関わる。

日本プライマリ・ケア連合学会認定家庭医療専門医・家庭医療指導医。2014年10月、第3回「明日の象徴」医師部門を受賞。

大平《おおひら》 英夫《ひでお》

神戸学院大学 栄養学部栄養学科 准教授
神戸学院大学栄養学部栄養学科卒業。神戸大学大学院保健学研究科保健学専攻修了（保健学博士取得）。1997年、福井医科大学医学部附属病院(現：福井大学医学部附属病院)医事課栄養管理室管理栄養士。1999年、サカイ生化研究所。2002年より神戸学院大学 栄養学部栄養学科 講師。2016年より現職。

垣渕《かきぶち》 洋一《よういち》

東京アルコール医療総合センター・センター長 成増厚生病院副院長
筑波大学大学院修了後、2003年より成増厚生病院付属の東京アルコール医療総合センターにて精神科医として勤務。臨床のかたわら、学会や執筆、地域精神保健、産業精神保健、メディアでも活躍中。医学博士。著書に『「そろそろ、お酒やめようかな」と思ったときに読む本』など。

藤田《ふじた》 聡《さとし》

立命館大学 スポーツ健康科学部・研究科 教授
2002年南カリフォルニア大学大学院博士号修了。博士（運動生理学）。2006年テキサス大学医学部内科講師、2007年東京大学大学院新領域創成科学研究科特任助教を経て、2009年より立命館大学。米国生理学会（APS）や米国栄養学会（ASN）より学会賞を受賞。監修本に『間違いだらけのたんぱく質の摂り方』、共著に『体育・スポーツ指導者と学生のためのスポーツ栄養学』など。2021年に長年の研究に基づき企業の健康経営をサポートする（株）OnMotionを設立。

財津《ざいつ》 将嘉《まさよし》

産業医科大学 高年齢労働者産業保健研究センター センター長・教授
2003年九州大学医学部卒業。東京大学医学部泌尿器科学教室に入局後、臨床医を経て、2016年東京大学大学院医学系研究科社会医学専攻博士課程修了（医学博士）。同年、東京大学医学部公衆衛生学教室助教、ハーバード公衆衛生大学院研究員、2020年獨協医科大学医学部公衆衛生学講座准教授、2022年より現職。労働災害（特に転倒災害）の疫学や、生活習慣、免疫機能を介したがんおよび循環器疾患の社会格差が研究テーマ。社会医学系指導医、日本医師会認定産業医、日本泌尿器科学会指導医、麻酔科標榜医。

松尾《まつお》 恵太郎《けいたろう》

愛知県がんセンター がん予防研究分野 分野長
1996年岡山大学医学部卒業。亀田総合病院、岡山大学医学部附属病院医員（第二内科）、愛知県がんセンター研究所（研修生）、ハーバード公衆衛生大学院疫学部（国際がん研究機関ポストドクトラルフェロー）を経て、2003年より愛知県がんセンター研究所疫学・予防部研究員。2013年より九州大学大学院医学研究院予防医学分野教授。2015年より愛知県がんセンター研究所遺伝子医療研究部部長。2018年4月より現職。

秋山《あきやま》 純一《じゅんいち》

国立国際医療研究センター病院 消化器内科診療科長／第一消化器内科医長
筑波大学医学専門学群卒業。米国スタンフォード大学消化器内科客員研究員。専門分野は消化管の腫瘍、炎症性腸疾患、消化管の機能異常。日本消化器病学会（専門医・指導医・評議員）、日本消化器内視鏡学会（専門医・指導医・評議員）、日本消化管学会（専門医・指導医・代議員）、日本内科学会（専門医・指導医）。

久住《くすみ》 英二《えいじ》

立川パークスクリニック院長　内科医師
1999 年新潟大学医学部卒業。内科医、とくに血液内科と旅行医学が専門。虎の門病院で初期研修ののち、白血病など血液のがんを治療する専門医を取得。血液の病気をはじめ、感染症やワクチン、海外での病気にも詳しい。2024年12月より立川高島屋に立川パークスクリニックを開設し、日々診療に従事している。

岸村《きしむら》 康代《やすよ》

一般社団法人大人のダイエット研究所 代表理事　管理栄養士
病院やメタボリックシンドローム指導の現場で健康的なダイエットのサポートをしてきた経験や、野菜ソムリエ上級プロなどの資格を生かし、商品開発、事業開発、食育講師、メディア出演など、多方面で活躍。大人のダイエット研究所では、忙しい大人が無理なく健康になるためのおいしくて体にいい食の推進を行うほか、「リセットごはん」商品もプロデュース。近著に『きれいにやせる食材＆食べ方図鑑』（家の光協会)、『新装版　おからパウダーダイエット』（扶桑社)、『落とした脂肪は合計10トン！伝説のダイエット・アドバイザーが教える最強のやせ方』（東洋経済新報社)。

森下《もりした》 あい子《こ》

キリンホールディングス株式会社飲料未来研究所 主査
2005年4月、キリンビール株式会社入社、同社の生産本部取手工場品質保証担当。2008年10月、キリンビバレッジ株式会社本社品質保証部。2009年10月～2010年9月、産休・育休（第一子)。2010年10月、(現）キリンホールディングス株式会社R&D本部飲料未来研究所。2013年12月～2015年3月、産休・育休（第二子)。

安部《あべ》　良《りょう》

名戸ヶ谷記念病院 内科医師　帝京大学客員教授　東京理科大学名誉教授
1978年、帝京大学医学部卒業。1983年、東京大学大学院医学研究科第三基礎医学（免疫学専攻）修了、医学博士。米国国立衛生研究所、米国国立海軍医学研究所、東京理科大学教授、帝京大学教授などを経て、2024年より現職。

本書は2022年3月に日経BPから発行した『名医が教える飲酒の科学』を
文庫化にあたって加筆・修正したものです。

日経ビジネス人文庫

名《めい》医《い》が教《おし》える飲《いん》酒《しゅ》の科《か》学《がく》

2025年2月 3 日 第1刷発行
2025年2月28日 第2刷

著者
葉石かおり
はいし・かおり

発行者
中川ヒロミ

発行
株式会社日経BP
日本経済新聞出版

発売
株式会社日経BPマーケティング
〒105-8308 東京都港区虎ノ門4-3-12

ブックデザイン
ソウルデザイン

本文DTP
マーリンクレイン

印刷・製本
中央精版印刷

Printed in Japan ISBN978-4-296-20727-5

nbb 好評既刊

酒好き医師が教える最高の飲み方

葉石かおり

酒は毒なのか薬なのか？　どうすれば健康なまま飲み続けられるのか。25人の医師や専門家に徹底取材した「体にいい飲み方」。

絶対に休めない医師がやっている最強の体調管理 コロナ対応版

大谷義夫

多くの患者を診察する多忙な日々のなか、どのように心身を整えているのか。ウィズ・コロナ時代の体調管理術を30年以上病気知らずの名医が指南。

フランス人はなぜ好きなものを食べて太らないのか

ミレイユ・ジュリアーノ
羽田詩津子＝訳

パンもチョコも我慢しないで、健康に素敵に暮らす秘訣とは？　フランス人が教える、賢い食べ方と心がけを便利なレシピとともに紹介。

「家飲み」で身につける語れるワイン

渡辺順子

かの有名ワインの背景には、こんな歴史と物語があった。家飲みにお勧めの銘柄を取り上げながら、ワインにまつわる知識と教養を授けます。

はじめる習慣

小林弘幸

名医が教える、自律神経を整え心地よく暮らす99の行動習慣。心身の管理、人間関係、食生活……今日からできることばかり。書き下ろし。